U0099167

做蛋糕給狗狗吃

39 種專屬蛋糕與造型點心
跟毛孩一起懂吃懂吃

狗尾巴草毛孩私廚　著

CHAPTER 1
如何選擇食材

CHAPTER 2
實用的基礎技巧

CHAPTER 3

一起吃點心，天天都是好日子

親手做蛋糕，不只是儀式感

有一陣子，我的狗很喜歡玩髮圈，明明玩具很多，會發出聲音的、益智的、可以填零食的都有，但她就是特別想要髮圈，甚至還會從背後偷襲，突然撲上來咬我的頭髮。

當時她半歲，我以為這個年紀的狗兒本來就淘氣，越不給她玩的她越想玩，直到有次家裡有客來訪，我阻止不及，客人已經給了她一大塊鹹酥雞攤買來的炸魷魚！

那天她簡直樂瘋了，整天咬著那塊魷魚玩，放進嘴裡咬一咬又吐出來、各種花式拋接魷魚、翹著屁股對著魷魚跳來跳去，而那陣子她在看到我綁頭髮時，竟然頭一次沒有衝過來。我突然意識到，魷魚和髮圈的口感不是很像嗎？再仔細想想，小時候班上也有同學會不斷咬鉛筆上的擦布，只因為覺得這樣很好玩。連人類都如此，更何況是靠著嘴巴和鼻子認識世界的小狗？

最後，這塊魷魚的下場是沾滿口水和灰塵躺在桌子底下，並沒有被吃掉，在那之後我也給過她幾次清燙花枝塊，都是一樣的下場。老實說，雖然浪費食物不值得鼓勵，但對於正值青春期、愛搗蛋、什麼玩具都想殺的年輕狗兒來說，給她安全的食物當玩具讓我放心多了，起碼不小心吃下去，也不會生大病。

做過這麼多毛孩點心，我得承認，漂亮的造型的確是為了滿足人類的喜好，各種美美的擺拍滿足了我們想為寶貝留下紀念的心情。不過我們做點心，除了儀式感做好做滿，還可以為狗狗做到更多。你知道嗎？不同食材的組合搭配、不同烹調方式帶給食材的變化，不同的顏色、口感、氣味，都能給狗狗帶來更豐富的生活體驗。有時候狗兒挑食，自己動手做可以幫助我們明白狗兒挑食的標準是什麼。

像我家的狗不喜歡雞肉，對牛腱也愛理不理，常讓我苦惱又生氣。開始做毛孩點心後，我從她的各種反應慢慢歸納出她的喜好，比如蛋白比較多的戚風蛋糕她沒興趣，蛋黃比較多的擠花餅乾她很喜歡。我發現她在意的不是肉量的多寡，而是食物是否帶有足夠的油脂香氣，觀察出這項關鍵後，再據此修改她平日的飲食，牛腱少一點、牛腩多一點，或是煮雞肉時額外加一些蛋黃或羊奶，讓整碗飯聞起來奶香奶香的，連我都想多吃一口。

這本書的目的，就是讓大家都能「自己動手做給狗狗吃」，所以會盡量選擇容易取得的食材，工具及製作步驟也盡量精簡，希望以不增加太多額外負擔為前提，讓大家體會親手做點心給狗狗吃的好處和樂趣。不論你是烘焙新手，或是想挑戰造型蛋糕的高手，在這 39 道食譜中，一定有適合你和你家狗狗的點心，讓人類做起來有成就感，狗狗吃得更開心。

狗生短短十幾年，如果你真的愛他，肯定會想留下美好的回憶和紀念。

當然，為了他，我們還可以更貪心一點。

我知道好狗狗應該有規矩，但你不覺得，煮飯時在腳邊嗷嗷待哺的小狗又擋路又可愛嗎？他走進我們的生命，留下各種可愛的、搞笑的、拆家拆到一半的照片（或證據），或唱生日快樂歌時等不及撲往蛋糕的影片。而我們可以走進廚房，在不影響健康的前提下，為他提供更多不同的選項和體驗，豐富彼此的生命。

對我來說，這就是最美好的相遇與相伴。

給毛家長的提醒

相信大家一定都有聽過「喝早餐店大冰奶會拉肚子」的都市傳說，既然這不是偶然的單一事件，而是有這麼多人都經歷過的現象，那麼，人類到底可不可以喝早餐奶茶？

我相信大部分人的答案都是一樣的，那就是可以。因為我們都知道，這是個體差異所導致的現象，有些人還會在感覺不「通暢」時特地來一杯，畢竟身為人類，我們了解自己的體質，還有許多過往的經驗可以作為對照參考，甚至有時候，我們還經常「明知故犯」，吃一些明知道隔天會拉肚子的食物，比如麻辣鍋之類的。總之，人類很少為了自己拉肚子而感到太過緊張。

但毛孩不一樣。

他們不會說話，無法表達自己當下有多不舒服，是拉肚子拉完就好了，還是肚子也痛到不行？拉完之後不吃飯，是剛好不餓、沒心情不想吃，還是不舒服到沒食慾？因為資訊不足，沒辦法判斷的狀況太多了，我們對毛孩的飲食必須更注意。而且每隻寶貝的狀況不同，該注意的方向也不同，在此提供一些共通原則作為參考，尤其是第一次養狗的人，請一定要仔細看完以下提醒。

毛孩的體質

要如何知道毛孩對某種食材會不會過敏？答案是：唯有吃過並引發過敏反應後，才會知道「原來這個食材對他來說不OK」。所以，要餵食毛孩沒吃過的東西時，一定要保持「少量嘗試」的原則。如果食譜中有不只一項沒吃過的食材，請先分開嚐試，避免吃了之後引發不適，卻不知道是哪項食材引發問題。

毛孩的個性

有些狗狗真的很貪吃，能用吞的就不嚼，深怕一眨眼點心就會從他眼前不見。餵這種個性的狗狗吃東西時，必須特別留意食物的體積和質地。比如本書中介紹的牛肉可樂餅和翻糖福袋，成分同樣有馬鈴薯，但前者的質地是鬆散的，就算不慎一口吞下，也比較容易吞下去或吐出來；後者則是經過絞打的馬鈴薯，質地類似麻糬般黏稠，一旦噎到就很有可能發生吞不下去又吐不出來的危險。

這也是我非常鼓勵家長們自己做點心的原因之一，唯有自己親手做過，才會了解各種食材經過不同的處理方式，會產生怎樣的質地變化，否則光看成分表，很容易陷入「一樣都是馬鈴薯，為什麼吃這個沒事，吃那個會吐」的疑惑跟誤解。

毛孩的腸胃敏感度

就像空腹吃剉冰，有些人沒事，有些人卻會胃痛到不行。狗狗和人一樣，不僅僅是品種，每隻毛孩腸胃的敏感度都不同，所以有些對腸胃較具有刺激性的食物（例如冰品、較油膩的食物、容易發酵脹氣的食物），就不是每隻狗狗都適合。

毛孩的生活方式

我經常提醒購買蛋糕的客人，如果家中狗狗很少出門，或是出門幾乎不落地，收到蛋糕時請一定要徹底加熱再給狗狗吃。這個道理就像大人用的碗盤只要洗淨就可以用，就算不特地擦乾就拿來用好像也沒事，但嬰兒的奶瓶一定需要徹底消毒，因為生活的環境越單純，對周遭細菌的抵抗力就越弱。

同樣地，對於平常接觸的人事物相對單純、很少去外頭跑跑滾滾的狗狗，食物的「乾淨」程度和保存控管就必須有更高的要求。比如自製的優格乳酪或冰淇淋雖然沒有添加物，但製作過程中需要放在冰箱裡好幾個小時，冰箱中其他食物如生肉上面附著的細菌多少會隨著空氣對流飄到準備給毛孩的食物上，腸胃較弱的毛孩就有可能因此而鬧肚子。

此外，大部分的鮮食點心不像肉乾可以放那麼久，因為使用的食材種類較多，每一次切碎、絞打、混和的步驟都會大量接觸空氣（這就是為什

麼絞肉保存期限比肉塊短），吃不完一定要冷藏保存，並且盡快食用完畢，尤其要注意不要碰觸到生水和口水，若要分餐食用可先用乾淨的刀具分切。

除了上述提到的幾項，需要考慮的因素還有很多，比如毛孩的年紀、牙口、過往病史，甚至品種等等。每隻毛孩都是獨一無二的，所以，在嘗試各種食物點心之前，一定要先仔細思考自家寶貝是否合適。沒有人比你更了解他，也只有你能為他的飲食把關。

Chapter 1

如何選擇食材

點心因為需要做造型,所以必須考量食材的質地、乾濕度等等,不是所有食材都適合,就像人類吃的蛋糕、麵包、餅乾,雖然外型和口感差異極大,但主材料都是麵粉和蛋,重複性很高。也正因為這樣,雖然寵物點心是用新鮮食材做的,但還是要注意份量,不能取代正餐,否則會營養不均衡唷!

最常用來做毛孩點心的食材

除了絕對不能吃的幾種食物以外，毛孩能吃的東西非常多。畢竟餵食鮮食的目的除了營養與健康，更是為了飲食豐富化，食材種類當然是越多越好。不過寵物點心還需考慮到造型需求，不是每一種食材都適合塑形，以下介紹做寵物點心最常用到也較容易取得的幾種食材。

雞胸肉

許多毛爸媽為了讓寶貝吃得好，除了常見的雞豬牛，還會想方設法買一些較少見的肉類，如鹿肉、鴕鳥肉等讓毛孩嚐鮮。然而對於需要做造型的毛孩點心來說，雞胸肉有著無可取代的地位。

1. 質地細膩
雞肉的纖維較短，肉質也比較細嫩，可以打出細緻的肉泥，容易塑形，更適合製作像蛋黃酥、甜甜圈等需要做造型的點心。

2. 容易染色
淺色的雞肉泥可以用蔬果粉染成各種顏色，像壓模餅乾可以在雞肉泥裡加入各色蔬果粉，用不同顏色做出圖案。

3. 含水率較低

白肉魚打成的肉泥也是顏色偏白、容易染色，但魚肉泥的質地較濕軟，需要加更多的粉類幫助塑形。相比之下，雞肉的水分較少，不需要加太多粉類就能達到理想的乾濕度。

4. 縮水幅度較小

雞肉經過高溫調理後，縮水的幅度不像其他肉類這麼明顯。以水蒸蛋糕胚為例，雞肉的縮水比例約為 2~3 成，白肉魚大約 3~4 成，牛肉則在 4 成以上。基本上，脂肪含量越高的肉類，縮水幅度越大，所以如果使用全牛肉做蛋糕胚，需要添加更多的穀物或蔬菜來維持蛋糕體積。

地瓜

地瓜有許多優點，而且營養豐富、味道鮮甜，大多數毛孩都很喜歡。地瓜泥質地細膩，帶有黏性，容易塑形，是製作毛孩點心不可或缺的食材之一。

1. 增加肉泥的黏性

絞肉本身的黏性不高，通常需要經過不斷絞打或添增澱粉來增加黏性，所以在做造型點心時，常會加入地瓜泥來幫助塑形。

2. 填滿肉泥的縫隙

就算用再厲害的機器，都很難把肉打成均質的泥狀，總免不了會有一些

空隙和孔洞；加熱後，肉泥中的水分散失，龜裂的情況會更明顯。在肉泥中添加地瓜泥，可以填滿肉泥中的空隙，讓成品的表面更加平整。

3. 穩定成品體積

毛孩點心和人類點心最大的不同之處在於，人類點心大多數在加熱之後會膨脹變大，但是毛孩點心卻相反，加熱之後體積會縮水，這是因為材料不同所導致的差異。地瓜在煮熟前或加熱後，體積和重量幾乎沒有變化，可以幫助平衡肉類加熱後縮水的情況。

4. 增加甜味

給毛孩吃的點心一般不會另外加糖，地瓜的鮮甜可以增加適口性，也有很棒的提鮮效果，能讓肉的味道更鮮美。

如果寶貝不喜歡地瓜，或是想改用其他食材，理論上馬鈴薯、南瓜、山藥都可以達到差不多的效果，但有幾點需要注意：

- 馬鈴薯需要手動過篩拌勻，如果用食物調理機絞打會變得很黏。

- 南瓜水分較多，需額外加入粉類幫助吸水。

- 山藥適口性比較差，水分也比地瓜多，需額外加入粉類幫助吸水。不同品種的山藥質地也會差很多，例如白肉山藥的質地比較爽脆，就算磨成泥之後還是有顆粒感，沒辦法像前述那樣，起到填滿肉泥空隙、讓表面平整的功用。

馬鈴薯

馬鈴薯在毛孩點心界也佔有重要地位，從製作蛋糕到點心，幾乎都少不了它的存在，除了具備上述地瓜的優點，還有幾項更重要的特質：

1. 過篩後質地細緻

雖說幾乎所有的澱粉根莖類都可以過篩為泥狀，但馬鈴薯的纖維更細，不像地瓜常常有很粗的絲，增加了過篩的難度。

2. 易於染色

馬鈴薯的顏色接近白色，只要加入不同顏色的蔬果粉，就可以輕鬆調出各種顏色。

3. 特殊的澱粉結構

回想一下你吃過的馬鈴薯泥或芋泥，有的口感鬆軟，就像台語「桑桑」形容的那種沙沙、鬆鬆的感覺，有的卻是黏稠甚至有點膠水感的糊狀，為什麼會差這麼多？這就是手動過篩與機器高速絞打所造成的質地差異。高速絞打會破壞馬鈴薯的澱粉細胞，使其成為有黏膠感的質地，是製作狗狗食用翻糖最主要的材料。有些毛孩月餅或和菓子也會利用這種特性，在外皮食材中加入馬鈴薯，增加口感 Q 度。

蔬菜

蔬菜的主要功能是顏色點綴，比較常用到的有紅蘿蔔、彩椒、玉米筍、蘆筍、櫛瓜和綠花椰菜等。這幾項蔬菜有以下共同特性：

1. 加熱後較不容易出水
葉菜類和某些瓜類（小黃瓜、絲瓜等）在加熱時會大量出水，使肉泥變得太濕，無法塑形。而且葉菜類的菜汁味道很重，毛孩不一定喜歡。

2. 加熱後顏色不易變化
有些蔬菜（例如菠菜、青江菜）加熱後顏色會變深、變黃，將整個點心顏色染得髒髒的，所以會盡量避免使用。

豆類

毛孩點心原則上會盡量減少穀類的使用量，一來是毛孩需要蛋白質遠多於澱粉，二來也避免穀類中的麩質引發過敏的情況。市面上許多無穀飼料都是用豆類代替穀類，因為豆類大多含有植物蛋白質，就像吃素的人會吃很多黃豆製品補充蛋白質一樣。

此外，點心通常用來當作零食或獎賞，好吃是最高原則，而肉對毛孩的吸引力當然遠大於其他食材。不過在某些特殊情況下（例如毛孩同時對雞肉和魚肉過敏），豆類就是很好的替代食材，煮軟後壓成豆沙，可以染色也可以做造型。

1. 白鳳豆

又叫白刀豆、白芸豆、白豆，名字聽起來好像很陌生，其實就是人類點心常用的白豆沙的原料。一般超市買不到生的白鳳豆，需要去專賣五穀雜糧的店家才找得到，而且生豆不好處理，需隔夜浸泡再以冷水或鹽水煮滾四到五次，每次都要換水，還要剝除豆皮後才能食用，非常麻煩。

比起用生豆自行製作豆沙，我比較推薦使用乾燥白豆沙粉。台灣有進口日本富澤商店的白豆沙粉，是完全沒有調味的，只要加入適量的開水調開後，再以小火將豆泥炒至想要的溼度即可。

2. 鷹嘴豆

鷹嘴豆在台灣俗稱雪蓮子，因為名字聽起來有點像中藥材，有些毛爸媽會覺得怕怕的，但其實非常多的商業乾糧成分表上都能見到鷹嘴豆的大名，尤其是無穀飼料，可見鷹嘴豆對毛孩來說是安全的食材。

一般超市賣的多半是調味過的鷹嘴豆罐頭，生鷹嘴豆得去有機商店或五穀雜糧行才能買到，煮法就跟紅豆和綠豆一樣，先浸泡過夜再剝去外皮，煮軟後即可過篩製作成豆沙。

3. 豆腐

經過均質機絞打的豆腐，質地跟鮮奶油很類似，可以用來抹面或擠花，也能做成類似卡士達醬的餡料。在製作毛孩點心時，通常會使用含水量較低的板豆腐。不過豆腐的味道不是所有毛孩都能接受，通常會混入奶粉、乳酪或無糖鮮奶油等乳脂香氣較重的食材，增添適口性。

油脂類

製作寵物點心通常不會加油，如有額外添加油脂，多半是為了增加潤滑效果，比如像雞蛋糕或戚風蛋糕這類以打發蛋白為主的點心，沒有油脂的話表面會非常粗糙，而且乾澀難以入口。原則上，我會挑選味道較淡的油脂，例如椰子油、芥花油等。我個人較不推薦橄欖油，雖然健康，但味道濃郁，對某些毛孩來說不太討喜。當然，給健康狀況良好、沒有乳糖不耐症的毛孩偶爾放肆一下，使用無鹽奶油也是可以的。

奶類

1. 羊奶粉

羊奶粉是製作毛孩點心時最常使用的乳製品，除了能增加適口性，還可以調整濕度和黏度、增加順滑度等。有些毛爸媽覺得新鮮羊奶比較健康，但毛孩點心以肉為主材料，本身就已經含有水分，甚至還常因為太濕而需要額外添加粉類吸水。如果使用羊奶代替羊奶粉，整個點心配方就需要添加更多的澱粉，稀釋了奶香和肉香。

羊奶的乳糖含量遠低於牛奶，更適合乳糖不耐的毛孩。羊奶粉不限品牌，只要是無調味的純羊奶粉都可以用來做點心，寵物用品店也有賣毛孩專用羊奶粉，甚至還有零乳糖配方的毛孩奶粉。

2. 無糖優格

在發酵的過程中，乳酸菌會將大部分乳糖轉化為乳酸，這也是為什麼有些喝牛奶會拉肚子的毛孩，吃了優格卻沒事。不過優格水分含量高，通常用來做內餡或是奶酪類的點心。

3. 奶油乳酪

奶油乳酪的正確名稱為 cream cheese，是牛奶加上鮮奶油（cream）發酵製成的軟質乳酪。鮮奶油顧名思義就是鮮奶的油脂，是透過離心機將生牛乳中的脂肪分離出來所製成，本身是無糖的濃稠液狀，人類吃的鮮奶油蛋糕之所以甜膩，是因為另外添加了大量的砂糖。

奶油乳酪對製作毛孩點心來說是非常實用的材料，香氣足、水分低，含有豐富乳脂，能起到很好的潤滑作用。許多毛爸媽聞「奶油」色變，會覺得很不健康，這其實是翻譯造成的誤解。為了避免混淆，台灣衛福部在 2017 年時發出公告，規定乳脂含量未達 80% 的產品不得以「奶油」二字作為部分商品名稱，所以現在各廠牌 cream cheese 使用的中文名稱都不一樣，比如軟乳酪、鮮奶油乳酪、軟乾酪等，但多數人仍習慣以「奶油乳酪」稱之，去商店時也要跟店員說買「奶油乳酪」，比較容易買到正確需要的品項。

總之，不論是奶油、鮮奶油或是奶油乳酪，都是生乳製成的天然食品而非化學合成物。雖各種乳製品的成分比例略有不同，但在脂肪含量上，不管是奶油、鮮奶油或奶油乳酪，都有一個範圍標準（參見表格）。我

名稱	原料	脂肪含量
全脂牛奶（milk）	生乳均質後裝瓶販售	3~3.8%
鮮奶油（cream）	生乳透過離心機分離為脫脂牛乳及鮮奶油	10~80%（市售產品約50~55%）
奶油（butter）	生乳或鮮奶油透過離心機將油水分離，再將乳脂濾出多餘水分後製成	80% 以上
奶油乳酪（cream cheese）	生乳＋鮮奶油＋乳酸菌發酵製成	30~35%

們無法用市售的鮮奶直接製作出鮮奶油和奶油，是因為鮮奶在販售前都經過一道「均質化」程序，將乳脂的脂肪球攪碎，好維持品質穩定，避免浮現乳油層。

在毛孩點心中添加乳製品，我們首先擔心並非油脂含量過高的問題，而是應該注意毛孩是否有乳糖不耐症。如果還是不放心，許多商店也有賣羊奶製成的優格和乳酪，乳糖含量更低。在後面的章節還會介紹使用無糖優格自製優格奶酪的方法。

可代替食用色素的天然蔬果粉

蔬果粉就是蔬果烘乾後磨製而成的粉末，例如菠菜粉、紫薯粉、草莓粉等，製作方式不難，市面上也有許多現成的產品，一般烘焙材料店都有販售，網路上也可以找到某些店家販賣自製的蔬果粉。不過，蔬果粉既然是天然的食材，在使用上自然也有一些限制：

1. 帶有原本食物的味道和特性

因為是天然蔬果製成的粉末，所以在一定程度上保留了蔬果原有的味道和特性，比如水果粉通常偏酸、紫薯粉會帶有淡淡的甜味。同樣地，如果毛孩對南瓜過敏，那麼南瓜粉也一樣會引起過敏反應。

2. 會隨著溫度而變色

就像葉菜煮久了會發黃，蔬果粉也會因為加熱而產生一些顏色變化，比如使用菠菜粉染色的食物，加熱後可能會從青綠色變成黃綠色。

3. 放置過久會色彩斑駁

使用蔬果粉染色的食物，如果放置過久，顏色可能會變得斑駁不均。比如毛孩蛋糕抹面常用到的馬鈴薯泥，因為飽含水分，經過長時間放置，當水分往下沉，原本顏色均勻的抹面也會跟著呈現上淺下深的狀態。

4. 色差不易控制

同樣的蔬菜，會因為產地、季節、氣候等因素而有所差異，製成的粉末當然也會因此產生些微不同。比如都是甜菜根，有些磨出來的粉末會偏藍紫色，有些會偏紅紫色。

如果你對顏色的要求很嚴謹，希望能夠做出水藍、天空藍、蒂芬妮藍等細微變化，那麼只有依靠食用色素才能辦到。但如果只是簡單的紅橙黃綠藍等變化，蔬果粉都可以幫你實現。

以下列出較常用到的幾種蔬果粉：

蝶豆花粉

藍色的蔬果很少，蝶豆花粉是最容易取得的一種，顯色度也很好，要調出淺藍色或深藍色都沒問題。

南瓜粉

南瓜粉的色差比較大，有些會是接近淺膚色的米黃色，有些較為金黃，後者的顯色度比較好。

菠菜粉

綠色的蔬菜粉選項很多，菠菜粉是最容易取得的一種，一般烘培材料店都有販售，顯色度也很不錯。

紅麴粉

紅色蔬果很多，例如覆盆莓、草莓、蔓越莓等，都是不同色調的紅色系

水果，蔬菜類的話可以選甜菜根粉，顏色漂亮又顯色，也很好上手。但若是只能選擇一種，紅麴粉的應用度最好：只加一點點就可以調出粉色，和南瓜粉一起可以調出橘色，和蝶豆花粉一起可以調出紫色，和菠菜粉一起可以調出棕色。

食用竹炭粉

黑色可用於加深顏色，比如在菠菜粉中混入一點竹炭粉，成品就會從草綠色變成深綠色。

角豆粉

角豆粉是一種原產於地中海的角豆樹（carob）的豆莢研磨而成的粉末，帶有類似可可的顏色、香氣和天然甜味，但不含可可鹼和咖啡因，經常用於製作無咖啡因的烘培點心，嬰兒食品偶爾也會使用。

因為角豆粉本身帶有可可香氣，我會建議買原裝包而非分裝的商品，避免魚目混珠，比較有保障。

總體來說，無論是蔬菜粉還是水果粉，當成染色劑使用的話，用量都非常少，一小匙就足以調色出一整個蛋糕抹面所需的薯泥份量。如果不是天天做蛋糕，只需購入上述幾種常用蔬果粉，再多多練習調色技巧，就能做出五彩繽紛的美麗擠花與蛋糕裝飾！

常用來代替麵粉的無麩質粉類

米穀粉（生粉）

米穀粉又叫蓬萊米粉，用我們平常吃的白米磨製而成，顏色白、粉質細，沒有特殊味道，容易被毛孩接受，是製作毛孩點心時最常用來代替麵粉的材料。

燕麥粉（熟粉）

燕麥粉有生、熟之分，生粉需要經過加熱烹調才能食用，熟粉就是沖泡即食的燕麥片磨成的粉。有些塑形之後不再額外加熱的毛孩點心（例如壓模月餅），就會使用熟燕麥粉。

糙米麩（熟粉）

糙米麩的「麩」指的不是麩質，而是穀類的外皮，也就是米糠。

糙米麩常被用來做嬰兒米精（寶寶副食品）或者精力湯，一般生機飲食店都有賣無糖的熟糙米麩，如果毛孩不喜歡燕麥粉的味道，可用糙米麩代替，但顏色會比較深。

椰子麵粉（生粉）

一般聽到椰子粉，會聯想到的是西點麵包上的椰蓉，或是加水可以泡成西米露的椰漿粉。雖然以上這些粉和椰子麵粉同為椰子製品，但性質上卻完全不一樣。簡單來說，椰漿粉的原料是椰子汁，椰蓉是將椰肉刨成絲，椰子麵粉則是將椰肉曬乾後磨成的粉。前兩者經常會額外添加糖或其他調味料來販售，椰子麵粉則是單純無添加的產品。

製作毛孩的小點心時，椰子麵粉是非常好用的材料，因為它的吸水力遠勝其他粉類。舉例來說，如果以純燕麥粉來製作壓模餅乾，可能需要 200 公克的燕麥粉才能將肉泥團揉到適合壓模的乾爽狀態；如果有椰子麵粉的幫忙，只需要 100 公克的燕麥粉加上 20 公克的椰子麵粉，這樣不僅可以避免毛孩吃進太多碳水化合物，也可以避免過多的粉類稀釋了肉跟蛋的味道。

片栗粉（熟粉）

片栗粉就是俗稱的日本太白粉，也就是我們常吃的大福外頭那一層白色粉末，原料是馬鈴薯。因為是不需加熱即可食用的熟粉，經常在捏製造型點心時當成手粉使用。

此外，做菜勾芡用的太白粉是生粉，在做點心時是不能用來取代片栗粉的唷！

毛孩絕對不能吃的食物

我們親手製作蛋糕、點心、鮮食，就是希望寶貝能夠吃到更多樣豐富的食材、味道及口感。但有些東西是毛孩絕對不能吃的，有些甚至只要誤食一點點，就有可能造成生命危險。在開始動手做之前，請一定要先詳細了解本篇的內容，真的很重要！

洋蔥、蔥、大蒜、韭菜、紅蔥頭等

這一類蔥屬植物中的二硫化物會破壞貓狗的紅血球，造成溶血症狀，引發溶血性貧血等致命危害。請記得，任何含有蔥和洋蔥等成分的加工食品，都要特別小心。

其中比較有爭議的是大蒜，因為大蒜中的二硫化物含量較少，又具有驅蟲、抑制細菌等多種好處與功效。有些人認為給毛孩食用少量的大蒜是有益處的，但所謂的「少量」，必須視毛孩的體型與體重而定，比如黃金獵犬的少量，對吉娃娃來說絕對是爆量。如果不是非常肯定，還是避開比較安全。

葡萄、塔塔粉、羅望子

早期就有研究報告指出，葡萄會引發貓狗急性腎衰竭，但有些狗狗誤食了一點點葡萄就造成嚴重的傷害，有些狗狗吃了好多顆葡萄卻沒事，這讓許多人十分疑惑。到底葡萄能不能吃？是哪個部位有毒？是葡萄皮、葡萄籽，還是殘留的農藥？

直到前兩年，有狗狗誤食了塔塔粉（一種常見的烘培添加劑，主要用來幫助蛋白和鮮奶油打發），結果出現和誤食葡萄一樣的急性腎功能損傷情況，這才意外揭開謎底——塔塔粉最主要的原料就是釀葡萄酒的副產物「酒石酸氫鉀」，而葡萄的種植環境和品種，會對葡萄中的酒石酸含量造成極大影響，難怪有些狗狗吃了沒事，有些狗狗卻腎衰了。

還有另一種名為羅望子的果實也含有大量酒石酸，在東南亞商店常見羅望子醬或羅望子汁，街邊偶爾也會有攤販販售生的羅望子豆莢。雖然這種食材在台灣並不常見，多留意一些總是好的。

巧克力、咖啡、茶

可可鹼和咖啡因都是一種興奮劑，人類吃了可以提神，但對狗狗來說卻是毒藥。尤其是可可鹼，會傷害狗狗的中樞神經系統以及心臟、腎臟等，而且狗狗的身體要花非常長的時間才有辦法把它代謝掉。

有些主人不知道狗狗不能吃巧克力，會和狗狗分享巧克力蛋糕等甜食，

而狗狗吃了之後，看起來也確實沒有任何不適，這個問題和可可鹼含量有關。黑巧克力包裝上標示的 % 代表其純度比例，數值越大，可可含量就越多。市售巧克力糖的成分則多半是糖，可可含量少，中大型的狗狗不小心吃到，確實可能運氣好沒事，但巧克力又香又甜，嚐過甜頭的狗狗恐怕永遠不會忘記這種絕妙滋味，反而變相增加了他們誤食高純度巧克力的機會。

酒精

毛孩無法代謝酒精，會導致中毒症狀，所以請不要開玩笑地拿酒給狗狗喝。除了不能飲酒，也不要在狗狗周圍噴灑酒精。平常我們喝的酒，酒精濃度不一定很高，比如啤酒大約 4%，但消毒用酒精高達 75%，不僅味道刺鼻，讓狗狗舔到反而更危險。

夏威夷豆

目前有多起狗狗吃了市售夏威夷豆引發中毒的病例，但確切機制尚不明，只知道誤食會引發顫抖、虛弱無力、嘔吐、呼吸急促等各種症狀。

堅果富含許多營養，但油脂含量也很高，而且某些堅果（例如核桃和胡桃）特別容易因為保存不當、發霉而產生有毒物質。我個人不建議特地餵食堅果，尤其是小型毛孩，除了油脂容易過量，也很容易噎到。

木糖醇

木糖醇作為蔗糖的替代品,最大的特點是它無法被細菌分解,不像一般的糖容易引起蛀牙,熱量也比蔗糖低,因此經常被用在口香糖、牙膏、糖果中來增加甜味。人類吃的花生醬有些也會添加木糖醇,這也是為什麼不可以隨便餵狗狗吃人吃的花生醬。

木糖醇對人類無害,但就算是一點點也會造成毛孩中毒,引發癲癇、低血糖和肝損傷,而且發作時間非常快,所以千萬要小心,不要讓毛孩吃到含有木糖醇的產品,也不要用人類牙膏幫狗狗刷牙。

複合調味料或抹醬

大多數毛爸媽都知道,毛孩不能吃太油、太鹹和太甜的東西,但這裡我特別想提醒的是複合調味料可能造成的危機。

複合調味料是指綜合了兩種以上調料製成的調味產品,比如燒烤醬、蘑菇醬、麵包抹醬,甚至罐頭高湯等,對人類而言,這些調料美味又方便,但對毛孩卻充滿未知的危險。

例如花生醬等甜味醬料可能含有木糖醇,烤肉醬、拌麵醬等鹹味醬料則經常添加洋蔥或大蒜等辛香料提味,而且極有可能是研磨提煉過的洋蔥粉或洋蔥精,濃度更高,更危險。之前就曾有一則毛孩誤食烤鴨沾醬而不幸病逝的新聞,就是因為烤鴨醬含有洋蔥成分,導致遺憾發生。

蘋婆

蘋婆是一種植物果實，有些人會拿來像栗子那樣蒸熟或炒熟吃，也有些人會拿來燉湯。雖然蘋婆這種食材不太常見，但對毛孩而言是沒有解毒劑的劇毒，一顆栗子大小的量就可能造成小型犬腎衰竭。

中南部有些地方會栽種掌葉蘋婆作為行道樹或林蔭步道，開花時非常美麗，花朵卻會散發出臭味，俗稱「豬屎花」。在夏末秋初的結果季節，最好避免帶狗狗到有蘋婆樹的公園散步，以免狗狗好奇誤食果實。

好像可以，又好像不行的食物

有許多食材會讓人十分疑惑到底可不可用，畢竟有些人說能吃，有些人說不行吃，或者說吃多了可能引發某些症狀。但到底怎樣算多，怎樣算少？即使上網搜尋也找不到更詳細的資料，讓有心為毛孩下廚的爸媽十分苦惱。會造成這樣的落差，可能有以下幾點因素：

毛孩的體型

想想人類的體重如果落差到兩倍已經算是極大的差距了，毛孩的體重落差十倍以上卻是常有的事。體型差異是影響毛孩食物份量的最大因素，比如腰果這種堅果對毛孩雖然無毒，但堅果類油脂豐富，大狗吃幾顆可能沒事，小狗吃幾顆卻可能已經過量了。

毛孩的體質

有些人容易過敏，有些人容易脹氣，這是天生體質的問題，而毛孩也是一樣的。比如麵粉中的麩質，對人類和毛孩來說都是常見的過敏原，毛孩對於澱粉的消化能力也沒有人類好，吃太多有可能消化不良。但總體來說，無論是米、麵或燕麥，對毛孩都是無毒的，許多商業狗糧都有添

加這些穀物，對絕大多數的狗狗來說也都能適應良好。

乳糖不耐的程度

乳製品的獨特香氣常讓毛孩為之瘋狂，不過有不少貓狗有乳糖不耐的狀況，他們的腸胃無法好好地消化和吸收乳糖，如果吃下過量的乳製品就會嘔吐或拉肚子。

乳糖不耐的症狀程度因毛孩而異，有些寶貝淺嚐少量沒問題，有些毛孩只要吃到一點點乳製品就會很不舒服。當然也有特別幸運的孩子完全沒有乳糖不耐，比如我家的狗狗都能直接喝鮮奶。正因如此，大部分的毛孩點心要用到乳製品時，會選用乳糖含量較低的羊奶來代替牛奶。另外，經過發酵的乳製品（優格、乳酪等）乳糖含量會變少，如果不確定自家寶貝有沒有乳糖不耐的問題，建議可以從少量優格開始嘗試。

最近有（人類的）食品廠商推出了無乳糖鮮奶，一般超市就買得到。我家狗狗因為沒有乳糖不耐的問題，喝不出差別，但如果家中狗狗有乳糖不耐問題，又對羊奶過敏，可詢問醫生是否能嘗試無乳糖鮮奶。

帶皮或帶核的食物

其實水果也是經常讓毛家長產生疑慮的食材，因為水果除了果肉，還有果皮和果核，人類大概不會沒事生吞棗子核，但頑皮的狗狗倒是很有可

能做出囫圇吞棗這種事。

有些水果的果肉對貓狗無毒,果皮反而有害,比如柑橘類水果的果皮含有柑橘油,會對毛孩造成刺激(所以中秋節別再幫毛孩戴柚子帽了);酪梨肉少量可食,但酪梨皮及果核含有某種對狗狗有毒的成分,可能會引發上吐下瀉。常見的蘋果、水梨、桃李等水果,果核內含有氰化物,這種物質對毛孩和人類同樣有害,但要吃到一定的量才引發中毒反應。比起中毒,更需要擔心的是毛孩誤食這些果籽會噎到、嗆到,或因為果核太堅硬,無法順利排出而劃傷腸胃道。

有疑慮，請先問醫生

總歸來說，幫毛孩做點心，最重要的原則就是：有疑慮的食材，先請向醫生諮詢，如果無法得到確定的答案，那就不要用。

有時候我們會被某些宣稱有特殊營養或治療功效的少見食材吸引，尤其是在照顧過敏、腸胃不佳等有長期身體狀況的毛孩時，我們都怕吃太多藥會造成身體負擔，希望可以藉由日常飲食來改善或調整狗狗的體質。

但就像前述的塔塔粉，明明是這麼常見的添加物，為什麼會直到前兩年才發現對毛孩有害呢？可能是因為之前曾誤食塔塔粉的狗沒有去看醫生，而且塔塔粉本身沒有味道，並不是特別吸引毛孩，所以誤食的例子不多。也就是說，即使某樣食材對毛孩有害，但由於誤食的案例不多，發生意外的次數不夠頻繁，就可能還沒被發現。

所以，我們幫毛孩做點心，還是盡量使用常見的或狗狗熟悉的食材為主，比較安心。更何況食療和吃藥不同，就算是有益的食物，也需要長期食用才看得出效果。與其心血來潮給寶貝嘗試沒有把握的食材，不僅效果不大，還得承擔未知的風險，很有可能得不償失。

推薦查詢網站

許多毛爸媽會去網路爬文做功課，確定某些食物是否適合毛孩食用。不過網路文章抄來傳去，有些可信度堪慮，查資料時還是要慎選資訊來源。推薦大家可以參考「美國防止虐待動物協會」（簡稱 ASPCA）的網站，大多數有關毛孩飲食安全文章的參考依據都來自於這裡。唯一的小缺點是網站只有英文，如果要查詢植物需要正確學名。

ASPCA 網址：www.aspca.org/pet-care/animal-poison-control

Chapter 2

實用的基礎技巧

....

做毛孩點心和做人類的點心一樣,有許多共通的基礎技
巧和原則,比如作為蛋糕主體的鮮肉蛋糕胚、可以承裝
各種內餡的派皮,或是自製適合毛孩的香濃乳酪等。通
常越基本的東西,越是左右成功與否的關鍵。本章的內
容可以和第三章的食譜互相參照使用。

＼ 常用道具 ／

工欲善其事，必先利其器，有好用的工具絕對能讓做點心變得更輕鬆。但我還是希望大家在為毛孩下廚時，不要造成自己太多的負擔，所以這篇僅介紹較為必要的工具，有些在做人類的點心或菜餚時也用得上。

食物調理機

處理各項食材的必備機器，做毛孩點心尤其需要用它來絞打肉泥。

市面上的調理機非常多樣化，有些強調馬力、有些強調刀片材質，有些有均質功能、有些有揉麵功能，可視個人需求選購。比如家中寶貝特別喜歡牛肉，建議針對刀片材質和馬力做挑選，因為牛肉纖維比較粗，較不容易絞打。

手持電動打蛋器

毛孩點心份量小，經常只需要打發一顆蛋白就夠了，如果是用萬用調理機的乳化盤功能，常常邊緣還沒打到，中間就已經打發過頭，而且把蛋白從乳化盤刮出來的時候很容易消泡。手持式電動打蛋器和調理棒打蛋器都很方便，可將攪拌頭直接浸入蛋白中攪打。

電子秤

如果是單寵或迷你寵家庭，只做小份量，建議買最小單位為 0.5 公克或更精密的電子秤。

正是因為給毛孩吃的點心份量小，有時羊奶之類的液體食材只需要 10 毫升，量杯難以量得如此精準，而液體份量的誤差值對某些成品結果影響很大，所以書中食譜的食材單位皆統一用公克來計算。

蛋糕轉台

金屬製的轉台轉起來較滑順，但價格較貴。如果使用頻率不高，可以考慮塑膠製的蛋糕轉檯。

蛋糕底托

「底托」顧名思義，就是「墊在底下、托住蛋糕」的道具。市售蛋糕通常會用紙質底托，裝飾完畢後直接連底托一起放進蛋糕盒。自製蛋糕如果沒有要攜帶外出，可以直接放在平板盤上進行抹面，或是烘培材料店也有賣塑膠製的蛋糕底托。

蛋糕模／慕斯圈

蛋糕模多半是帶底的，有活底和固定兩種，前者使用起來比較方便容易。如果想兼做戚風蛋糕，記得不能買有不沾塗層的模具，不然蛋糕體無法攀著模具邊緣往上爬升，戚風蛋糕就膨不起來。

慕斯圈一般是不鏽鋼材質，因為沒有底，就是一個空心的圓圈，所以沒辦法放入太水的液體材料，在人類點心界多半用來做非烘烤類的蛋糕，

如輕乳酪蛋糕等。毛孩的鮮肉蛋糕不是液狀，所以用慕斯圈也可以做，只要在底部墊一個平底的盤子即可。而且慕斯圈的造型多樣化，從一般的圓形，到愛心、方形、花朵，甚至數字形狀都有，尺寸大小的選擇也較豐富，最小有到 2 吋，適合迷你寵家庭。

不沾派模／塔模

派和塔有時很難分清楚，一般來說，面積較大、深度較淺的稱為派，反之則稱為塔，不過毛孩點心份量較小，所以有時也會用塔模來製作派皮。毛孩點心以少油為原則，所以特別容易沾黏，而人類的塔皮通常油脂含量很高，不大會有沾黏的情形。不沾材質的小塔模比較難買，我會在附錄放上食譜中使用的不沾塔模品牌和型號，給大家參考。

餅乾模具

模具圖案百百種，節慶時可以做出超應景的可愛餅乾。市面上常見的有不鏽鋼切模、3D 壓模和 3D 彈簧按壓模這三種類型，不鏽鋼切模比較硬，除了切麵團還可以切紅蘿蔔片等，彈簧按壓模方便但難清洗。我個人比較推薦 3D 壓模，把壓片拿掉還可以當切模使用。

其他矽膠／金屬模具

烘焙模具花樣繁多，沒有必要每一種都買，如果對外形沒有特殊要求，只要擁有一兩種就夠用了。材質方面主要分為金屬和耐熱矽膠兩種，要根據點心的類型來選擇。如果主材料是打發雞蛋類、進烤箱時是液體狀的點心（例如雞蛋糕），建議使用金屬模具，點心才會乖乖往上膨起，而不是隨意朝各個方向發展。

耐熱矽膠烤墊

矽膠烤墊可重複使用，除了代替拋棄式烘培紙，因為矽膠防滑的特性，平時也可當做揉麵墊使用。有些烤墊上畫有圓形的圖案（俗稱馬卡龍烤墊），照著上頭的形狀擠，就可以擠出大小均勻的麵糊，是製作小泡芙、小圓餅這種圓形點心的好幫手。

烤墊還有一個額外的功能，就是稍微調節烤箱的底火溫度。有些點心底部容易燒焦，尤其使用蜂蜜代替蔗糖的毛孩點心更容易有這種現象，如果你的烤箱沒有調節上下火的功能，可以在烤盤上鋪一張矽膠烤墊，再鋪上烘培紙、放上點心，利用烤墊稍微隔絕下火的溫度。

耐熱矽膠刮刀

薯泥過篩、混合調色、翻拌打發雞蛋等，都非常好用。推薦一體成形的刮刀，比較好清洗，也不會卡汙垢。

蛋糕抹刀

抹面必備工具，大致分為一直線的直柄抹刀和 L 形的曲柄抹刀，曲柄主要是為了把蛋糕整個鏟起來移動，但毛孩蛋糕的成分是純肉，太重了，很難用這種方式移動。此外，毛孩蛋糕尺寸小，不需要買太大的抹刀。

奶油刮板

抹面必備工具，可以大面積地刮平抹面表面，做麵包時也可代替切麵刀。

壓泥器

製作抹面的薯泥不能用調理機打成泥，這時候壓泥器就是你的救星。

篩網

毛孩點心幾乎用不到麵粉，用一般手持式的篩網過篩就可以了。專門用來過篩麵粉的篩網網目較細，雖然過篩出來的薯泥會比較綿密，但在過篩時也會比較吃力。

可調式擀麵棍

新手友善的擀麵棍，可依需要的麵團厚度調節兩邊的墊片高度，不怕擀不出想要的麵團。

水切盒

自製瑞可塔乳酪和優格乳酪的超方便工具。

擠花袋

毛孩點心常用薯泥或肉泥來擠花，一般的三明治袋也可以代替擠花袋。

花嘴

製作各種擠花和蛋糕字體的必備工具，更詳細的型號建議可參考附錄。

花嘴轉換器

如果有花嘴轉換器，可以在不更換擠花袋的前提下更換花嘴，尤其是有些小裝飾（例如寫字、擠彩色小點點）只需要用到少量薯泥，這個道具可以幫我們節省材料，避免浪費。

轉換器尺寸有分大、中、小三種，要依據花嘴的直徑做選擇，毛孩點心一般用小號的就可以了。

食物乾燥機／乾果機

這是我最推薦的機器之一，除了烘餅乾，許多毛孩愛吃的肉乾、鴨氣管、火雞筋等，都可以用乾果機製作，方法也超簡單，只要將肉品整理乾淨，放進機器裡徹底烘乾，放冷凍庫可以保存好幾個月。我將烘肉乾的心得和提醒整理在附錄，給有興趣的毛爸媽參考。

現在有些多功能烤箱也有乾果功能，只是無法像乾果機一樣一次設定很長的烘烤時間，需要每隔一段時間重新啟動。

自製鮮肉蛋糕胚

鮮肉蛋糕是目前毛孩蛋糕的主流，適口性佳，食材的調整彈性較大，冷凍保存期限也較長。因為肉的含量比例高，不只狗狗喜歡，即使是全肉食性的貓貓，大部分也很願意賞光。

在製作方面，肉類為主的蛋糕有比較多的烹調方法可選擇。如果要做來販售，用烤的比較方便也容易批量製作，若是自己做給狗狗吃，只要稍微調整食材，用電鍋也能輕鬆完成。

低溫烘烤法

份量：
一般版 4 吋蛋糕胚 1 個（高 6 公分）

材料：
雞胸肉 400 公克、地瓜 50 公克、紅蘿蔔 20 公克、綠花椰菜 30 公克

步驟：
1. 紅蘿蔔和地瓜刨絲。雞胸肉切塊。
2. 將所有材料放入調理機絞打均勻。

3. 分兩三次填入 4 吋蛋糕模具中，裝填時盡量壓緊，不要有空隙。

4. 放進預熱好的烤箱，將蛋糕模置於中層，以攝氏 100 度烘烤 80 分鐘。

5. 取出後稍微放涼，脫模備用。

小提醒：

使用烤箱烘烤有一定高度／厚度的食物時，若溫度太高，會造成上下燒焦、中間還沒熟的情況，而且肉類在高溫烹調時體積會大幅縮水，蛋糕胚會變得不平整，所以需要低溫長時間烘烤，有點類似舒肥的作法。另外，因為蛋糕有一定的高度，如果家中烤箱很小，放進去後離上下火太近，就沒辦法使用烘烤的方式，要改用蒸的。

電鍋水蒸法

份量：

一般版 4 吋蛋糕胚 1 個（高 6 公分）

材料：

雞胸肉 380 公克、藜麥 15 公克、地瓜 50 公克、紅蘿蔔 20 公克、綠花椰菜 30 公克

步驟：

1. 藜麥先浸泡約 30 分鐘。

2. 紅蘿蔔和地瓜刨絲。雞胸肉切塊。

3. 將所有材料放入調理機絞打均勻。

4. 分兩三次填入蛋糕模具中，裝填時盡量壓緊，最後在表面中間壓出微微凹陷。

5. 放入電鍋或蒸鍋蒸 20~25 分鐘，肉汁會在加熱過程中滲出滴落，模具底下需額外再墊個盤子，方便清理。

6. 取出放涼後脫模備用。

小提醒：

電鍋的溫度一般可達攝氏 200 度，持續的高溫會讓肉類不斷縮水，所以電鍋跳起來後就直接取出放涼。藜麥建議要先浸泡半小時以上，免得蛋糕胚蒸出來膨發度不夠或是太硬。

水蒸算是自製毛孩蛋糕最方便的方法，只要有電鍋就能製作，但因為溫度很高，肉類體積會大幅縮小，中間也會膨起來，造成蛋糕胚變形。膨起來的問題比較好解決，只要在填模時壓一壓，讓中間稍微凹陷，或是蒸熟後直接將蛋糕胚表面切齊就好。但肉類在高溫烹調時體積縮水是必然的現象，所以才會在水蒸蛋糕的食譜中加入吸水會膨脹的藜麥。藜麥也可以替換成其他穀物，如燕麥、糙米或一般的白米，只是不同穀物吸水後的膨脹程度略有不同，份量也會不同。

左邊是加了蔬菜（無藜麥）的水蒸蛋糕胚；右邊是全雞肉的水蒸蛋糕胚，可看出明顯縮腰。

常見問題

我怎麼知道中間的肉熟了沒？

和所有做蛋糕的測試方法一樣，拿根筷子或竹籤從蛋糕胚中間插下去，拔起時沒有沾黏就是熟了。

我的毛孩對雞肉過敏，可否替換成其他肉類？

把雞肉替換成其他肉類當然沒問題，但要注意以下幾點：

- 購買現成絞肉請注意肥瘦比例：店家賣的現成絞肉多半肥肉比例較高，比如豬絞肉通常預設為包水餃使用，牛絞肉則預設用來做漢堡排，肥瘦比約是 3:7 或 4:6。如果要替換肉類，必須購買脂肪較少的部位。

- 評估家用調理機的馬力：有些馬力較小的食物調理機無法順利將牛肉或豬肉絞打成泥狀，需在購買時請攤商幫忙絞肉，而且要多絞幾次才夠細緻，否則填模時孔隙太大，製作出來的蛋糕胚形狀會歪斜或塌陷。

- 拉高地瓜及穀物的比例：脂肪越多的肉類加熱後體積縮水幅度越大，需拉高地瓜比例，或是額外添加穀物，烘烤時也建議以調低溫度但增加時間的方式製作。

可否替換其他蔬菜？

製作蛋糕胚時，蔬菜的選用原則是「避免容易出水的葉菜類及瓜類」，以及「蔬菜本身的味道不能太重」，所以根莖類會比較適合。除了地瓜之外，南瓜、山藥、玉米筍或蘆筍等都是不錯的選擇。

如果蔬菜味道很重，在加熱過程中又會大量出水，這些水分會被肉吸收，使得整個蛋糕胚都是蔬菜的味道。比如用菠菜來製作蛋糕胚，最後會得到一個綠綠的、菠菜味比肉味還明顯的蛋糕，辛苦了老半天，毛孩可能不肯捧場唷。

為什麼我做的蛋糕胚總是容易變形？

造成蛋糕胚變形的元兇就是水分，如果食材太濕，加熱後水分蒸發，蛋糕就會變歪。一般來說，新鮮的肉比冷藏肉乾爽，冷藏肉又比冷凍肉乾爽，如果非得使用冷凍肉，將它置於冷藏室慢慢退冰會比室溫直接退冰好很多，記得打泥前一定要盡量擦乾表面水分。

如果肉退冰之後水分太多，可加入一匙奇亞籽或亞麻仁籽，填膜後靜置15 分鐘左右再開始加熱。奇亞籽或亞麻仁籽能夠吸收大量水分，變成一種類似膠狀的黏稠液體，幫助固定蛋糕胚。

自製蛋糕抹面

漂亮的抹面靠的是熟練的技巧，一開始感覺無從下手是很正常的，只要多練習幾次，熟能生巧就能抹得很漂亮。就算抹面稍微有些不平整也沒關係，美味不減，狗狗一定會捧場。當抹面技巧越來越熟練後，對蛋糕胚的外形要求就可以降低，有坑洞、歪斜、縮水，都可以用抹面補救，製作蛋糕也會變得越來越輕鬆。

薯泥抹面

馬鈴薯本身沒有太突出的味道，較容易被大部分的毛孩接受。壓泥過篩後，質地均勻細緻的薯泥很適合用來做蛋糕抹面。不過煮熟的馬鈴薯會呈現半透明狀，薯泥抹開後會微微透出裡頭鮮肉蛋糕胚的顏色，顯得有點髒髒的，加一點奶油乳酪除了可以增添香氣，還能讓薯泥顏色更白，混入蔬果粉調色時顏色更飽合。另外，適量的乳脂亦能讓薯泥的質地更滑順細膩。當然，什麼都不加的薯泥，也能完成基本的抹面和造型。

份量：
一般版 4 吋蛋糕胚 1 個（高 6 公分）

材料：
馬鈴薯 200 公克、奶油乳酪（或自製的優格乳酪）5~10 公克、染色用的蔬果粉適量

步驟：

1. 馬鈴薯洗淨削皮，切成約 1.5~2 公分的厚片。

2. 燒一鍋水，水滾後放入馬鈴薯，煮到輕輕插入筷子就可輕鬆分開馬鈴薯的程度即可。

3. 將煮軟的馬鈴薯和奶油乳酪混合，用壓泥器壓成泥。

4. 趁熱將薯泥過篩，加入喜歡顏色的蔬果粉攪拌均勻，即可用於抹面。

（抹面步驟請參考「水果淋面蛋糕」）

小提醒：

如果用機器高速絞打薯泥，會變成像麻糬一樣黏黏的質地，無法好好地將薯泥抹開，所以手動過篩的步驟不能省。冷掉的薯泥質地會變得厚重，甚至變硬、變乾，很難抹開，所以還沒用到的薯泥建議蓋上保鮮膜，放在插電的電鍋裡保溫。

豆腐霜抹面

豆腐是低熱量、低 GI、富含蛋白質和鈣質的食材，更符合毛孩的營養需求，所以有些毛孩蛋糕會使用豆腐霜來抹面。

但不是所有毛孩都能接受豆腐獨特的味道，往往需要再加入其他吸引毛孩的食材，例如乳酪、優格等，因此把水分徹底瀝乾的這個步驟就十分重要。如果豆腐本身水分太高，添加其他濕性材料的額度就很有限。

份量：
一般版 4 吋蛋糕抹面 1 個（高 6 公分）

材料：
板豆腐 400 公克、無糖優格 30 公克、奶油乳酪（或自製的優格乳酪）10 公克、蜂蜜 10 公克、染色用的蔬果粉適量

步驟：

1. 豆腐整塊置入滾水中，以小火滾煮 5 分鐘。

2. 將煮過的豆腐置於篩網上，上面壓上重物，靜置至少 2 小時，擠出多餘水分。瀝完水的豆腐會變得非常扁，高度只剩原本的 1/3 甚至更少。

3. 將瀝乾的豆腐與其他材料絞打成泥，加入喜歡顏色的蔬果粉攪拌均勻，即可用於抹面。（抹面步驟請參考「水果淋面蛋糕」）

小提醒：

如果想要讓豆腐霜呈現類似乳霜般細膩有光澤的質地，必須使用具有均質功能的調理機才能將豆腐徹底乳化。用一般調理機或果汁機絞打的豆腐霜比較粗糙，有許多小顆粒，雖然也能完成基本的蛋糕抹面，但若要做細部裝飾如擠小花，或在蛋糕表面上寫字體，可能會因為豆腐顆粒卡住花嘴而無法操作。

不會抹面也沒關係：慕斯包裹

份量：

3 吋蛋糕包裹 1 個（高 6 公分）

材料：

3 吋蛋糕胚 1 個、羊奶 200 公克、寒天粉 2 公克、染色用的蔬果粉適量

步驟：

1. 做一個 3 吋的鮮肉蛋糕胚，填模時不要填滿，預留約 1 公分高度。
2. 將①的蛋糕胚放入 4 吋蛋糕模具中間。
3. 羊奶、寒天粉和蔬果粉大至攪拌均勻後過篩，小火加熱到鍋子邊緣冒小泡泡，加熱時需不斷攪拌，底部跟鍋邊才不會燒焦。倒入②的模具中，冷藏 1~2 小時即完成。

小提醒：

3 吋蛋糕胚的做法和 4 吋蛋糕胚相同，只要將材料份量減半，烘烤時間縮減至 60~70 分鐘即可。若買不到 3 吋活底蛋糕模，用 3 吋慕斯圈底下墊張烘培紙進烤箱也可以，或烤一個 4 吋蛋糕胚再切成 3 吋大小。無法切成平整的圓形也沒關係，外面用慕斯包起來就看不到了。

寒天粉的凝固點比較高，約在攝氏 40 度上下，質地較類似傳統點心菜燕而不是奶酪，如果在冬天製作，一離火就會開始逐漸凝固，所以動作要快。或是可以額外準備一盆熱水，隔水保溫。

自製派皮

「油酥糖脆」是烘培世界的鐵律，想要酥到掉渣就要高油，想要又脆又香就要高糖，沒有其他代替的辦法（除非使用更不健康的添加物）。所以少油少糖的毛孩點心對人類來說，口感有點軟又不太軟、有點濕又不太濕，類似受潮的餅乾，實在有點一言難盡。

這種獨特的口感對毛孩來說不是問題，但是毛孩點心的派皮／塔皮除了可愛好看，還有一個更重要的任務——承載內餡及托住裝飾。要完成這兩項任務，需要一定的承重力和吸濕力，因此在選擇搭配派皮的類型時，可以從這兩方面考慮。

1. 承重力

高度較高、裝飾較多的點心（例如聖誕樹蒙布朗），需要夠硬的派皮才撐得住重量，用商業狗糧做的派皮就很適合。

2. 吸濕力

有些點心（例如鹹派）在製作過程中，會「將液狀食材倒進派皮，經由加熱變成固體」，白話說就是派皮起碼要能裝水十幾分鐘也不會泡爛或滲漏。

要解決上面兩項問題，第一個方法是「加厚外皮」＋「選擇高度較低的模具，縮短烘烤時間」，但這個方法較適合尺寸大一點的派（因為派模

高度較低，塔模通常比較高）。

第二個方法是用肉做派皮，成品質地像較乾柴的雞肉，摸起來有點潮而不是乾爽的、偏軟而不是硬梆梆的那種。烤出來的派皮雖然會局部回縮、形狀沒那麼圓、邊角毛毛的不規整，或是有點焦色，充滿手作感，也可以算是一種特色。

米穀粉

燕麥雞肉

商業狗糧

用商業狗糧做派皮

份量：

4 吋派皮 1 個或小塔皮 4 個

材料：

狗糧 100 公克、雞蛋 1 顆（連殼重 55~60 公克）、橄欖油或椰子油少許

步驟：

1. 將狗糧裝進厚袋子中，敲碎成粉狀。

2. 雞蛋打散後，和粉狀的狗糧混合均勻（會獲得一團黏糊糊的東西）。

   若是使用小塔皮模具，均分為 4 份，每份約 30~35 公克。

3. 在模具內側均勻刷上一層油，將②的材料放入模具內整形鋪平。

4. 放進預熱好的烤箱，以攝氏 150 度烘烤 18~20 分鐘。

小提醒：

使用蛋液作為主要液體來源的點心，製作起來很黏手是正常的，沾濕雙手再塑形就可以了。不同品牌的狗糧乾濕度不同，蛋液的份量要隨之調整。最重要的是，狗糧烤出來的派皮十分乾硬，即使使用不沾模具，內側（尤其是側面的凹槽）還是要徹底抹油，不然會脫不了模。

這款派皮材料單純，做法簡單，很適合新手，唯一較花力氣的就是必須親手敲碎狗糧（食物調理機也打不碎，而且聲音大到可能會吵醒所有鄰居）。就算無法敲成細粉，帶一點小顆粒也沒關係，頂多就是美觀程度的差異，不會影響製作。

米穀粉派皮

份量：

4 吋派皮 1 個或小塔皮 4 個

材料：

米穀粉 65 公克、羊奶粉 10 公克、椰子麵粉 7 公克、雞蛋 1 顆（連殼重 55~60 公克）、椰子油 20 公克（凝固的話先隔水加熱）

步驟：

1. 在容器裡倒入米穀粉、羊奶粉與椰子麵粉，加入打散的蛋液混勻。

2. 倒入椰子油混合後搓揉均勻，讓油脂平均分布。若是使用小塔皮模具，均分為 4 份，每份約 30~35 公克。

3. 在模具內側均勻刷上一層油，將②的材料放入模具內整形鋪平。

4. 在鋪好的派皮底部用小叉子戳幾個小氣孔，烤的時後才不會鼓起。

5. 放進預熱好的烤箱，以攝氏 150 度烘烤 20 分鐘，再將溫度調高至攝氏 170 度續烤 8~10 分鐘。

小提醒：

米穀粉派皮的質地跟人類點心的派皮較接近，如果是做小塔皮，戳幾個小氣孔就可以了；如果是面積較大的派皮，中間須放上派石，才不會烤到一半整個鼓起來。若想讓派皮更香、更酥脆，可將椰子油替換成相同重量的無鹽奶油。不建議換成橄欖油，會有濃濃的橄欖味。

燕麥雞肉派皮

份量：

4 吋派皮 1 個或小塔皮 4 個

材料：

雞胸肉 120 公克、地瓜 50 公克、即食燕麥片 10 公克

步驟：

1. 地瓜蒸熟後壓成泥。

2. 將雞胸肉、地瓜泥和燕麥片放入調理機，一起絞打成泥。

3. 在模具內側均勻刷上一層油，將②的材料放入模具內整形鋪平。

4. 放進預熱好的烤箱，以攝氏 150 度烘烤 20 分鐘。

小提醒：

如果希望派皮表面看起來更平整，可先用調理機把燕麥片打碎，再和其他材料一起絞打，或直接換成燕麥粉。

因為肉類加熱後會縮水的緣故，這一款派皮的形狀會比較不規整。另外，配方中燕麥的比例很低，所以烤熟後的派皮較軟，不適合加太多裝飾、重量較重的點心。如果希望塔皮硬一點、堅固一些，就需要增加燕麥片的比例，或是額外加入其他粉類。

\ 自製乳酪 /

用鮮奶自製軟質乳酪可以玩出許多花樣，比如鮮奶加適量鮮奶油，可以做出自製的奶油乳酪；把鮮牛奶換成鮮羊奶，可以做羊奶乳酪。買不到鮮羊奶的話，用羊奶粉泡出來的羊奶，也可以用相同步驟做出差不多質地的乳酪。

不過自製乳酪的保存期限很短，視不同季節，冷藏只能放三天到一週。如果是單寵家庭，用量不多，優格乳酪是更方便的選項，只要一杯超商買來的優格就可以製作。有興趣的毛爸媽可以三種都試著做做看，看寶貝更喜歡哪一種乳酪的味道。

自製瑞可塔乳酪

材料：

鮮奶 500 公克、檸檬汁 50 公克

步驟：

1. 在小鍋裡倒入鮮奶，一邊攪拌，一邊以小火加熱到大約攝氏 80 度（鮮奶邊緣開始冒小泡泡）即可關火。
2. 倒入檸檬汁，稍微攪拌均勻。靜置 15~20 分鐘，待液體凝結。
3. 裝入乾淨的豆漿袋或水切盒，置於冰箱一晚，將乳清瀝出。

自製優格乳酪

材料：

無糖優格 1 杯

步驟：

將優格倒入豆漿袋或水切盒，置於冰箱一晚，瀝出乳清即可。

自製奶油乳酪

材料：

鮮奶 400 公克、鮮奶油 100 公克、檸檬汁 40 公克

步驟：

1. 在小鍋裡倒入鮮奶和鮮奶油，一邊攪拌，一邊以小火加熱到大約攝氏 80 度（邊緣開始冒小泡泡）即可關火。

2. 倒入檸檬汁，稍微攪拌均勻。靜置 15~20 分鐘，待液體凝結。

3. 裝入乾淨的豆漿袋或水切盒，置於冰箱一晚，將乳清瀝出。

小提醒：

市售的奶油乳酪有乳脂含量的規定（一般在 33% 左右），自己動手做可以視需求調整，想要細膩綿密的口感就拉高鮮奶油的比例，想要降低熱量就減少鮮奶油用量。只要記得，油脂含量不同，質地就會不同。

無糖打發蛋白的技巧

想像一下，你在掌心擠了一坨沐浴乳，只要幾滴水就能搓出綿密如雲朵般的泡泡，泡泡還可以維持好長一段時間。但如果加太多水，搓出來的泡泡是否就會變得大小不均，而且非常容易消失，風一吹就破？

打發蛋白的原理有點類似搓泡泡，因為蛋白的成分約有 88% 是水。在人類的烘培世界中，打發蛋白絕對少不了砂糖，並不是為了製造甜味，而是為了吸收蛋白中的水分（所以替換成本來就含水的蜂蜜是沒有用的）。吸了水的砂糖變得黏呼呼的，正好可以將泡沫緊緊聚合，讓打發蛋白變得細緻又穩定，而且糖還能延緩打發的速度，打的時間越長，泡泡就越細密。

雖然完全不加糖也能將蛋白打發，但氣孔會比較明顯，打出來的蛋白霜沒這麼有光澤，泡沫消失很快，所以也無法像含糖蛋白霜那樣，可以精確控制到「八分發」、「九分發」等不同程度，只能大概打出想要的質地，然後以最快的速度送進烤箱。

看到這裡，可能你會感到疑惑，明明你吃過不怎麼甜的蛋糕呀，那些蛋糕又是怎麼精確打發的呢？這是因為用於製作人類烘培點心的材料五花八門，如果想減低甜膩感，打發蛋白時可以用甜度較低的海藻糖，或是額外添加乾蛋白粉取代糖的吸濕作用。然而毛孩點心的食材盡量越單純

越好，要打發無糖蛋白，只能小心再小心，後續與粉類或蛋黃糊攪拌的過程也要非常仔細，盡量減少消泡。

以下提供打發無糖蛋白的幾個必要技巧：

1. 全程使用低速打發

攪打的速度越快，打出來的泡泡就越大。低速打發可以拉長打發時間，打出較細的泡沫。使用電動打蛋器時，記得選最低速度就對了。

2. 打蛋盆必須無油無水

油脂會阻礙蛋白打發，所以分蛋時如果不小心將蛋黃分到裝蛋白的容器，一定要徹底撈除。裝蛋白的容器裡絕對不能有油，水也要擦乾淨。

左邊為無糖打發蛋白，右邊為有糖打發蛋白。

3. 打發時要打到鏘鏘作響

如果有看過打發蛋白的影片，影片中經常會將打蛋盆傾斜 45 度角，好讓攪拌頭能盡量浸入蛋白，加速蛋白打發。然而無糖蛋白需要慢慢攪打才能讓泡沫更綿密，而且毛孩點心的份量通常很小，往往只需要打一顆蛋白，將盆子傾斜容易讓邊邊的蛋白打不到，造成打發不均。

我的經驗是，將打蛋盆平放，一手持電動打蛋器不斷在盆中順時針畫圓，另一手則逆時針旋轉盆子，尤其是靠近邊緣的位置需要重點關照多繞幾次。所以，請選一個打不破、刮不爛的堅硬容器，才能放心好好打發蛋白。

4. 提前製作老蛋白

將蛋白裝在乾淨的碗中，用保鮮膜包起來，上面戳兩三個小孔，放冰箱冷藏 2~3 天。讓水分隨時間揮發，減少蛋白中的水分，這就是所謂的老蛋白。有些人類點心（例如馬卡龍）也會使用老蛋白，只要在打發之前從冰箱拿出來，讓蛋白回到室溫即可。

用這些小東西也可以做裝飾

點心上的裝飾就像是畫龍點睛，只需要一點點就可以為成品加分。可是特地為那一點點裝飾就開乾果機烘十幾個小時，好像又很不實際，讓許多追求完美的毛爸媽內心掙扎不已。

不過事情總是有變通的方法，將市售寵物零食或寶貝平常吃的肉乾稍微變化一下，或是買一包無添加的蔬果乾，取一兩塊出來加工，剩下的裝進人類肚子裡就不會浪費了。

以下是我推薦的，輕鬆就能裝飾點心的小撇步：

1. 無添加蔬果乾

平常我會選一些顏色鮮豔或形狀特別的蔬菜，例如玉米筍、秋葵、紅蘿蔔、櫛瓜，切成薄片烘乾備用。如果你只需要一點點，或是家中沒有乾果機，可以去有機商店選購無添加的蔬果乾，例如南瓜片、紅蘿蔔片等，捏成碎塊撒在點心上，增添一點顏色。也可以將大塊的果乾稍微泡一下開水，泡軟就可以修剪成想要的形狀，再用廚房紙巾盡量將水分吸乾，放在蛋糕上做裝飾。

2. 水果乾或水果凍乾

人類蛋糕表面抹的是鮮奶油，因為油水分離的原理，即使上頭裝飾的水果流出汁液，也不會和鮮奶油融在一起或流得到處都是。毛孩蛋糕的薯

泥抹面幾乎不含油脂，如果放上新鮮水果，薯泥就會被果汁染得髒髒的。水分幾乎被抽光的水果乾及水果凍乾可以說是蛋糕裝飾的不二選擇，凍乾又比果乾更實用，敲碎還可以當水果粉撒在點心表面。

3. 無添加肉乾或市售凍乾

肉乾應該是貓狗家庭的必備零食了吧，敲碎的雞肉乾顏色類似敲碎的堅果，敲碎的牛肉乾顏色看起來就像巧克力粉，是色香味俱全的裝飾品。

凍乾的應用度更好，因為不含水，質地又輕，加在肉泥或麵糊中不會沉底，也不至於改變整體配方的水量，比如在戚風杯子蛋糕裡可以加入少量凍乾碎塊，類似於在人類蛋糕中加入葡萄乾或蔓越莓乾的概念。

4. 寶寶溶豆

這種嬰兒副食品的主要成分是蛋和奶粉，是一種給小寶寶磨牙的餅乾，只要放進嘴裡，沾到口水就會慢慢化開。因為成分單純，所以也有倉鼠版、蜜袋鼯版、兔子版等的溶豆，狗狗當然也可以吃。有一陣子非常流行的「羊奶荷包蛋」點心，就是溶豆的變化版本。

如果家中狗狗沒有乳糖不耐的情況，我非常推薦直接跟自製嬰兒食品的賣家購買溶豆，一顆打發的蛋就可以做出滿滿一罐，我都笑稱是空氣零食，放在蛋糕上做裝飾很可愛，平常也可以當毛孩的獎勵小零食。

Chapter.3

一起吃點心
天天都是好日子

· · · · · · · · · · · · · ·

每當享用美味甜點時，身旁是不是總會冒出一雙（或好
幾雙）圓滾滾、亮晶晶的大眼睛盯著你，那渴望的眼神
在對你說：可以也給我吃一口嗎？做點心給狗狗吃真的
一點也不難，馬上動手來做吧！

生日派對

過生日追求儀式感，而生日蛋糕簡單來說就是要「像個蛋糕的樣子」，均勻的抹面、素雅的擠花，中間再寫上狗狗的名字，寶貝專屬的生日蛋糕就誕生了！

毛孩專屬的名字蛋糕

難易度：🦴🦴🦴　　份量：1 個

4 吋蛋糕胚 1 個	奶油乳酪或自製優格乳酪 20 公克
抹面薯泥 200 公克	7085 或 7095 花嘴
紅麴粉 適量	349 花嘴
菠菜粉 適量	1 號花嘴
南瓜粉 適量	

抹面步驟

1. 參考第二章的基礎步驟，準備蛋糕胚和抹面薯泥。

2. 取出 50 公克的薯泥（其他以保鮮膜包覆後保溫待用），混入南瓜粉，攪拌至均勻的黃色。

3. 將蛋糕胚放在小平盤或蛋糕底托上，置於蛋糕轉台正中央。

4. 將黃色薯泥置於蛋糕胚表面中央。找個乾淨、沒有摺痕的塑膠袋（面積要略大於蛋糕表面）蓋上去，用手指輕壓，把薯泥慢慢壓開至覆蓋蛋糕表面。

5. 用奶油刮板隔著塑膠袋輕刮，盡量把薯泥刮平，直到平均覆蓋整個蛋糕表面，再輕輕揭下塑膠袋。

6. 沿著蛋糕邊緣將多餘的薯泥削掉，再將散落在轉台上的薯泥清理乾淨。

Tips　這款「裸蛋糕」只有上方表面抹面，初學者也能輕鬆完成。如果想增添節慶感，可以在周圍包上蛋糕圍邊，綁上蝴蝶結。整顆蛋糕的完整抹面教學可參考「水果淋面蛋糕」。

擠花步驟

1. 取約 20 公克的薯泥裝入擠花袋，袋口剪約 0.5 公分的小洞，沿著蛋糕表面距離邊緣約 1 公分處畫一個大圈。

2. 取 50 公克的薯泥，混入少量紅麴粉，攪拌至均勻的淡粉色。

3. 將 7085 花嘴套入擠花袋，剪一個小洞讓花嘴尖端露出來，再填入粉色薯泥，仔細推到袋子最前端，將多餘的空氣擠出來。

4. 用慣用手握著擠花袋（可先練習一下，找到適合自己的握法），花嘴與蛋糕表面大約呈 45 度角，擠出一個類曲奇餅乾形狀的小花，讓它斜靠在步驟①那圈薯泥上。用同樣的方式繞著蛋糕擠小花，使之成為一個完整的花圈。

5. 另取 30 公克的薯泥，混入菠菜粉攪拌均勻，填入裝了 349 花嘴的擠花袋，在粉紅小花的縫隙處補上葉子。

寫字步驟

1. 取剩下的 50 公克薯泥，與 20 公克的奶油乳酪混合均勻後再次過篩。如果篩網的網目較大，要重複過篩 2~3 次。

2. 將 1 號花嘴套入擠花袋，剪一個小洞讓花嘴尖端露出來（不要剪太大，花嘴口能露出即可），再填入①篩好的乳酪薯泥。

3. 依照事先安排的筆順和結構，在蛋糕表面寫字。

4. 熟練之後，可試著重複寫上第二層，字會變得更立體。

Tips　如果遇到特別擠或難寫的部分，可以簡化筆畫，再用牙籤調整細部。比如像「饅」字右邊的「皿」，可以直接擠成一條較粗的「一」，然後用沾濕的牙籤在「一」上輕輕戳兩個孔洞，以畫圈的方式慢慢將洞擴到適當大小就可以了。

在蛋糕上寫字，就像用粗奇異筆寫字一樣，筆畫多的地方容易擠在一起，筆畫交疊處顏色也會變深，讓字看不清楚或髒髒的。

在實際擠花之前，我們可以先練習寫字。在白紙上畫一個邊長 1 公分的方格，然後用筆芯較粗的筆在方格內寫上一個字，觀察哪裡的筆畫會擠在一起，哪裡是筆畫交疊處，然後重新安排結構和筆順。

重新安排結構

1. 以「饅」字為例，找出容易擠在一起的地方。

2. 左右拉寬，高度不變。

3. 將字左右拆解，把筆畫少的那邊變窄，留下更多空間給筆畫多的另一邊發揮。

4. 再將字上下拆解，一樣把空間留給筆畫多的部分。

重新安排筆順

在蛋糕上寫字，不管是中文字還是英文字，筆畫交接處都會因為重複覆蓋薯泥而變成一坨、互相勾到或變髒，所以要改變筆畫順序，練習「一筆到底」的技巧，盡量減少交接點。

以中文字「口」為例，按照正確筆順書寫會有三個交接點（左下圖），改變筆順後只剩一個交接點（右下圖）。

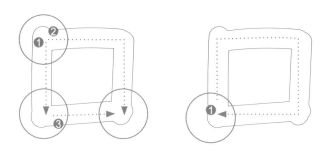

以英文字「A」為例，按照正確筆順書寫會有三個交接點（左下圖），改變筆順後為兩個交接點（右下圖）。

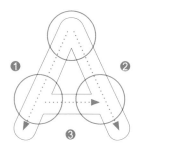
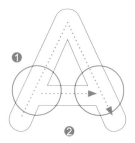

肉肉杯子蛋糕

難易度：🦴🦴🦴　　份量：4 個

蛋糕體
雞胸肉 60 公克
雞蛋 2 顆
（每顆連殼重 55~60 公克）
蜂蜜 10 公克
椰子油 10 公克
羊奶粉 8 公克

裝飾
雞胸肉 100 公克
地瓜 30 公克
羊奶粉 5 公克
新鮮水果 適量

道具
方形蛋糕烤杯
（邊長 5 公分）
7085 花嘴

1. 仔細將蛋黃和蛋白分成兩盆，裝蛋白的盆子必須無油無水，堅固耐刮為佳。

2. 將 60 公克雞胸肉用調理機絞打成泥（打得越細緻越好），放入蛋黃盆內，再加入蜂蜜、椰子油和羊奶粉，混和均勻。

3. 打發蛋白，直到提起攪拌頭時拉起的勾勾可堅挺成形、不會消失。取 1/3 的打發蛋白放入蛋黃盆翻拌均勻，再全部倒入蛋白盆，以切拌的方式拌勻。

4. 將③倒入紙杯約八分滿。震一下紙杯（從距離桌面約 1~2 公分處放手，讓手中的紙杯摔回桌上），把多餘空氣震出來。

5. 放進預熱好的烤箱，以攝氏 120 度烘烤 35 分鐘，再將溫度調高至攝氏 150 度續烤 5 分鐘，烤完後立刻取出，倒扣放涼。

6. 雞胸肉和地瓜蒸熟後，加入 5 公克羊奶粉，用調理機絞打均勻，填入裝了花嘴的擠花袋，像霜淇淋一樣在蛋糕表面繞圈。

7. 將裝飾用的水果洗淨擦乾，放在烤好的杯子蛋糕頂端，篩上羊奶粉裝飾。

Tips

杯子蛋糕小小一顆，份量正好適合體型小或上了年紀的毛孩，極力推薦單寵家庭的毛爸媽將做法學起來。這個配方非常簡單，因為沒有添加粉類支撐蛋糕體，烤好的戚風蛋糕放涼後一定會回縮，表面也不那麼平整，只要在蛋糕表面放上裝飾，即使蛋白打發不完美也沒有關係，新手也能一次就成功！

如果住在小套房，不方便處理生雞肉，我推薦另一個更簡單的配方，可用罐罐肉泥和凍乾來取代雞肉。

材料：
雞蛋 2 顆（每顆連殼重 55~60 公克）、椰子油 15 公克、羊奶粉 5 公克、水 20 公克、雞肉凍乾 20~25 公克、寵物罐頭 1 罐、裝飾水果適量

步驟：

1. 將蛋白和蛋黃分成兩盆。在蛋黃盆中加入椰子油、羊奶粉、水和凍乾粉 20 公克（用調理機打成粉），混合均勻。

2. 用同樣的方式打發蛋白，和①拌勻後填入紙杯，再以同樣的溫度和時間烘烤，烤好後立即取出，倒扣放涼。

3. 將罐罐肉泥填入擠花袋，然後在杯子蛋糕表面戳個洞，灌入肉泥。

4. 放上水果，撒上剩餘的凍乾粉，裝飾完成！

爆漿泡芙

難易度：🦴🦴🦴　　份量：約 **20** 顆（尺寸類似義美小泡芙）

泡芙皮
羊奶 120 公克
椰子油 35 公克
米穀粉 70 公克
蜂蜜 10 公克
雞蛋 2 顆
（每顆連殼重 55~60 公克）

泡芙餡
雞胸肉 120 公克
地瓜 30 公克
羊奶粉 5 公克

1. 在小鍋裡倒入羊奶、椰子油和蜂蜜，開小火加熱，一邊攪拌至沸騰時關火。

2. 離火後趁熱迅速倒入米穀粉攪拌均勻。

3. 摸一下鍋底，如果還燙手就稍等 30 秒，如果已經微溫，先放入第一顆雞蛋，攪拌至米糊徹底將蛋液吸收，再放入第二顆雞蛋，一樣攪拌至被米糊吸收。

4. 將③的米糊填入擠花袋，在尖端剪個約 1 公分的小口，將米糊擠在烤盤上，每顆至少間隔 2~3 公分，全擠完後再用手指沾水將尖角按平。

5. 用細篩網在④的表面撒上米穀粉，靜置 1~2 分鐘，待米穀粉被米糊的水分吸收，再篩上第二次（裝飾用，可省略）。

6. 放進預熱好的烤箱，以攝氏 190 度烘烤 15 分鐘，再將溫度調降至攝氏 150 度續烤 12 分鐘。時間到之後先不要打開，繼續放置 20 分鐘，讓泡芙在烤箱裡慢慢變涼。

7. 雞肉和地瓜蒸熟，和羊奶粉一起絞打成泥，填入擠花袋。如果想要擠出來的肉泥有漂亮紋路，可先在擠花袋裝上有齒花嘴。

8. 將泡芙切一半，在底座擠一小朵雞肉泥，蓋上泡芙頂端即完成。

泡芙膨起的原理，是加熱時麵糊表面先烤熟、變硬，但裡面的麵糊還沒熟，水蒸氣不斷往上，將表面撐起，讓整顆泡芙看起來鼓鼓的。所以加熱過程中千萬不要打開烤箱，溫度一旦瞬間掉下去，泡芙就膨不起來了。

雞肉曲奇

難易度：🦴🦴🦴　份量：約 **25** 片

雞胸肉 200 公克　　7084 花嘴
地瓜 120 公克
羊奶粉 15 公克
蔬菜丁 少許

1. 地瓜蒸熟後壓泥，稍微放涼，再和雞胸肉、羊奶粉一起放入調理機絞打均勻。

2. 將花嘴套入擠花袋，剪一個小洞讓花嘴尖端露出來，再填入肉泥。從順時針或逆時針的方向繞大約 1 又 1/3 圈，在烘培紙上擠出一個個大約 3~4 公分的曲奇餅造型。

3. 手指沾水將收口處的尖角稍微抹平，中間放上喜歡的蔬菜小丁做裝飾。

4. 乾果機設定在攝氏 55~60 度，烘 12 小時。

 Tips　地瓜含糖量較高，容易焦，所以要用溫度低但時間長的方式烘乾，原則上烘 12 小時就可以吃了，想延長保存期限可以烘 15 小時，甚至最後將溫度調低再多烘 3~5 小時也沒有問題。使用乾果機烘生肉的注意事項，可參考書末附錄。

野餐派對

野餐的食物必須方便攜帶，不怕搖晃變形，才不會手忙腳亂。找片大草地，鋪好野餐墊，趁小狗掃光食物前優雅地拍張照吧！

水果珠寶盒

難易度：🦴🦴🦴　　份量：1 盒（方盒邊長 11.5 公分）

芒果 1~2 顆　　　　　　無鹽奶油（或生食等級椰子油）20 公克
雞胸肉 300 公克　　　　市售寵物餅乾 40 公克
板豆腐 180 公克　　　　寒天粉 1 公克
羊奶粉 15 公克　　　　　自製優格乳酪 100 公克

1. 板豆腐放進滾水煮 5 分鐘，撈起後壓上重物，瀝水 30 分鐘至 1 小時。

2. 雞胸肉蒸熟備用。

3. 餅乾裝進乾淨塑膠袋裡敲成粉狀，倒入隔水加熱融化的液狀奶油搓揉均勻。
   奶油用量要根據餅乾原本的含油量來調整，混合至用力捏緊可以成團，但不
   會濕到擰出油的程度。

4. 將③鋪平在盒子最底層，用小湯匙或手壓實。

5. 將①和②加上羊奶粉，放進調裡機絞打成細緻的泥狀，一半填入盒中，另一
   半備用。

6. 芒果切開，兩側果肉較完整處切成芒果丁備用，其餘碎果肉取 100 公克左右，
   用調裡機稍微打一下，然後將芒果糊盡量瀝乾水分。

7. 取約 30 公克的熱開水，加入 1 公克的寒天粉攪拌均勻，稍微放涼至黏稠度
   開始出現時，倒進芒果糊中攪拌均勻後，鋪在步驟⑥的豆腐肉泥上，放進冰
   箱冷藏約 30 分鐘。

8. 從冰箱取出盒子，用手指輕觸檢查果凍是否已經凝結。如果還很軟，再放回
   冰箱冷藏，直到凝結為止。

9. 將剩下的豆腐肉泥鋪在已經凝結的果凍上，頂層抹上優格乳酪（如果希望乳
   酪質地看起來更輕盈，用電動打蛋器低速攪打 1 分鐘左右），最後將芒果丁
   裝飾上去即完成。

珠寶盒看起來複雜，其實難度不高，是新手也能立刻上手的點心，只是因為有夾
層，製作步驟比較繁瑣。

首先要注意，酸性物質會使寒天不易凝結，所以必須單獨製作寒天液，再加入水
果。可以根據季節改用當季好取得的水果，也可以換成寶貝愛吃的水果。

另外，將豆腐壓出水分的步驟必須做確實，因為豆腐的味道主要就是來自這些水
分。如果瀝得不夠乾，豆腐味蓋過雞肉味，適口性會變差。我通常會瀝到豆腐厚
度只剩原來的 1/3 或更少，絞打時再用蒸雞肉的雞湯調整濕度、增加肉味。

自製的珠寶盒無法像商店裡陳列的看起來那樣晶瑩剔透，那是因為人類吃的珠寶
盒通常會額外刷一層糖漿或果膠，可以延緩水果出水，避免影響美觀，入口時水
果的酸味和底下帶甜味的蛋糕也不會那麼衝突。給毛孩吃的珠寶盒當然不適合加
糖，所以表面有點水水的是正常的。

瑪德蓮雞蛋糕

難易度：🦴🦴🦴　　份量：約 30 個

雞蛋 2 顆　　　　　　　椰子油 20 公克

（每顆連殼重 55~60 公克）　米穀粉 70 公克

蜂蜜 10 公克　　　　　　迷你瑪德蓮不沾烤盤

奶粉 10 公克　　　　　　（單格 5×3 公分）

水 10 公克

1.　將奶粉和蜂蜜加入水中攪拌，直到溶解看不見顆粒，再加入椰子油拌勻。

2.　將雞蛋打發，打到提起攪拌頭時，滴落的蛋糊可畫出 8 字形紋路且不會立刻消失。

3.　將①加入②，再倒入米穀粉，用矽膠刮刀翻拌均勻。

4.　將③填入模具。震一下模具（從距離桌面約 1~2 公分處放手，讓手中的模具摔回桌上），把多餘空氣震出來，再用牙籤將表面氣泡挑破。

5.　放進預熱好的烤箱，以攝氏 180 度烘烤 15 分鐘後，拿竹籤或筷子把雞蛋糕翻面再烤 3 分鐘。

按照這個食譜做出來的雞蛋糕口感較扎實，如果想要較為鬆軟的雞蛋糕，可將椰子油換成等量的無鹽奶油（需事先隔水加熱融化成液狀），米穀粉也可以替換成玉米粉（比如將 70 公克的米穀粉換成 50 公克的米穀粉＋ 20 公克的玉米粉）。當然，因為我們沒有加泡打粉，口感還是會跟人類的雞蛋糕有點差距，但吃起來一樣香氣十足。

模具可以自由選擇喜歡的造型，如果換成很大的模具，得視情況延長烘烤時間。如果家中有鬆餅機，可以直接把調好的配料倒進去，做起來更輕鬆省力。

提拉米蘇

難易度：🦴🦴🦴　　份量：1 杯（底徑約 5 公分）

雞胸肉 150 公克
地瓜 50 公克
羊奶粉 10 公克
市售寵物餅乾 數塊
雞肉乾 1 片

1. 雞胸肉與地瓜蒸熟，加入羊奶粉絞打成泥狀備用。

2. 餅乾裝進乾淨塑膠袋裡敲碎，倒入容器底部，盡量壓緊。再將①的肉泥填入容器至九分滿。

3. 肉乾裝進乾淨塑膠袋裡敲成粉狀，撒在表面當裝飾，放進冰箱冷藏 2~3 小時即完成。

Tips　這道點心非常輕鬆簡單，除了肉泥，其他部分都可以用現成的材料替代。底部的餅乾屑可以用市售的寵物餅乾，表面裝飾可以用敲碎的肉乾。如果想讓外表看起來更像人類吃的提拉米蘇，中間可以多鋪幾層餅乾屑。

海苔卷

難易度：🦴🦴🦴　　份量：1 條

雞胸肉 100 公克　　細條紅蘿蔔 2 條　　市售壽司海苔 1 大張
地瓜 40 公克　　　蘆筍 2 根　　　　　雞肉乾或凍乾 數塊
羊奶粉 10 公克　　　雞蛋 1 顆

1. 雞胸肉和地瓜蒸熟後，盡量瀝乾多餘水分，再和羊奶粉一起放進調理機絞打成細緻的泥狀。

2. 紅蘿蔔和蘆筍燙熟後擦乾。雞蛋打散，倒入滾水中煮成蛋花，用濾網撈起瀝乾水分。凍乾裝進乾淨塑膠袋裡，敲成粉狀。

3. 打開壽司捲簾，將海苔攤平其上，長邊靠近自己的方向。在長邊各留約 1 公分的空白處，其他地方均勻抹上①的肉泥。

4. 撒上一層凍乾粉，在距離長邊約 2 公分處分別擺上蛋花、紅蘿蔔和蘆筍。

5. 從靠近自己的那一邊往上捲，像捲壽司一樣捲緊，冷藏 3 小時定型後即可切塊。

Tips 煮蛋花比煎蛋皮更簡單，在水滾後用筷子在鍋中快速攪拌出漩渦，再將蛋液倒入漩渦中心，這樣煮出來的蛋花不易散開，也比較容易瀝乾。凍乾除了增添香氣，還能幫助吸水，如果家中有毛孩肉鬆也可以替換使用。

牛肉可樂餅

難易度：✦✧✧　　份量：約 6 塊

牛絞肉 100 公克　　南瓜粉 1 小碗
馬鈴薯 70 公克　　即食燕麥片 1 小碗
地瓜 50 公克
雞蛋 1 顆

1.　馬鈴薯和地瓜蒸熟後壓泥，拌入牛絞肉，直接用手抓拌混合均勻。

2.　準備兩個小碗，一個裝入雞蛋打勻，另一個裝入南瓜粉和即食燕麥片混勻。

3.　將①的肉泥捏成可樂餅形狀（每個約 30 公克），先放入雞蛋碗中沾滿蛋液，
　　再放入另一個碗中，雙面裹滿南瓜燕麥片。

4.　將裹粉的可樂餅排在烤盤上，用剩餘的蛋液刷上表面，放進預熱好的烤箱，
　　以攝氏 190 度烘烤 20 分鐘，取出放涼即可食用。

Tips　這是一個自由度很大的食譜，牛肉可以替換成其他肉類，也可以加入
紅蘿蔔丁等蔬菜，或是捏成棒棒腿造型，做成偽炸雞。若希望外皮呈
現金黃色，最後可再打顆蛋黃刷上表面，烤出來的顏色會更漂亮。

麥克雞塊

難易度：🦴🦴🦴　　份量：20~25 塊

雞胸肉 200 公克
馬鈴薯 100 公克
雞蛋 1 顆
椰子麵粉 10 公克
食用油 5 公克

1. 馬鈴薯蒸熟後壓泥，和其他所有材料一起放進調理機，絞打成泥。

2. 另外準備一點油沾在手上，將肉泥捏成雞塊形狀。

3. 放入預熱好的烤箱，以攝氏 180 度烘烤 12 分鐘，翻面再烤 10 分鐘。

雞肉質地較細，即使外層不裹粉，烤出來也不會太粗糙，類似牛肉可樂餅的簡易版。這兩道點心都可以用氣炸鍋代替烤箱來製作，如果家中狗狗平日的主食是乾糧配副食罐，可以多做一些雞塊冰起來，代替罐罐拌入乾糧中。

優格甜甜圈

難易度：🦴🦴🦴　　份量：約 5 個

雞胸肉 150 公克　　甜菜根粉 適量
地瓜泥 50 公克　　南瓜粉 適量
無糖優格 300 公克　　裝飾用水果乾 適量

1. 雞胸肉和地瓜蒸熟後，適當瀝乾水分，放進調理機絞打成泥。

2. 取 30~40 公克的肉泥，用手盡量捏緊搓圓，然後微微壓扁，用手指在中間戳一個洞。重複上述步驟，直到①的肉泥用完。

3. 乾果機設定在攝氏 70 度，烘 15 分鐘，烘到一半時打開機器，將甜甜圈翻面。這個步驟是為了盡量讓甜甜圈表面乾燥，以免沾優格醬的時候會散開，所以烘多久、用什麼方法烘都可以，不要燒焦就好。

4. 優格加入甜菜根粉調成粉色，加入南瓜粉調成鵝黃色，或選擇合適的蔬果粉調成喜歡的顏色。

5. 將甜甜圈表面沾滿優格醬，送進設定在攝氏 60~70 度的乾果機，烘 10~20 分鐘。

6. 取出甜甜圈，撒上碎果乾裝飾，再烘 10 分即完成。

Tips

甜甜圈表面那層漂亮的糖霜是最吸引人的賣點，給狗狗吃的甜甜圈可以用優格醬取代糖霜，但能否順利沾附和優格的質地有關。水分較多的純鮮奶優格，沾附和烘烤的步驟需要重複操作 2~3 次，如果是有添加一些膠質或糊精的優格，只需要操作一次就可以到位。也可以用水切盒將優格瀝乾一點，會更容易沾取。

如果想要形狀更好看，也可以購買甜甜圈壓模，能將肉壓得更緊，減少裂紋產生。

有些點心需要熱風徹底烘乾，而不是加熱，所以最好的方法是使用乾果機低溫烘乾。現在有些高功能烤箱會兼具乾果功能，溫度可以設定到很低，而且有循環風扇，如果想用烤箱取代乾果機，請先了解自家烤箱是否具備這些功能，以免溫度過高把點心烤焦了。

鹹派

難易度：🦴🦴🦴 　份量：1 個

- -

4 吋派皮 1 個

雞蛋 1 顆

水 10 公克

奶粉 8 公克

櫛瓜或其他蔬菜切片 少許

乾燥羅勒葉或迷迭香 少許

1. 參考第二章的基礎步驟，準備一個 4 吋派皮，把烘烤時間減少到約原本的一半（因為填餡後要再送進烤箱烤一次）。

2. 將雞蛋、奶粉和水混和均勻後過篩，倒進準備好的派皮，鋪上櫛瓜片，撒上羅勒葉或迷迭香裝飾。

3. 放進預熱好的烤箱，以攝氏 180 度烘烤 12 分鐘，取出放涼。

小兔子肉肉餐包

難易度：🦴🦴🦴　份量：7 個

麵包
中筋麵粉 150 公克
羊奶粉 10 公克
速發酵母 1.5 公克
蛋液 20 公克
水 75~80 公克
無鹽發酵奶油 15 公克

內餡
雞胸肉 80 公克
地瓜 30 公克

其他
無糖草莓果醬 20 公克
羊奶粉 15 公克
飲用水 5~10 公克
食用竹炭粉 適量
中筋麵粉（手粉）適量

1. 雞胸肉和地瓜蒸熟後，盡量瀝乾多餘水分，絞打成泥備用。

2. 將奶油以外的所有麵包材料混合均勻，揉至水分完全被吸收。將麵團整理成團，裝進容器中，蓋上保鮮膜靜置 10 分鐘。

3. 取出麵團，將中間稍微壓扁，然後把室溫放軟的奶油放在麵團中間，用麵團包裹起來，揉至油脂完全被吸收。將麵團整理成團，裝進容器中，蓋上保鮮膜，在室溫下進行第一次發酵，夏天約 40~50 分鐘，冬天約 80 分鐘。

4. 將①的雞肉泥分成 7 份，每份大約 10 公克，搓成丸子備用。如果摸起來還是很濕，可以送進攝氏 80~90 度的烤箱烤 10 分鐘，讓肉丸表面乾燥。

5. 取出發酵好的麵團，稍微揉兩下，把麵團中的空氣排出，然後切分為 14 份，每份大約 10 公克。蓋上保鮮膜，讓麵團鬆弛 10 分鐘。

6. 取一份麵團，用手稍微壓扁，在中間放上肉丸後包起，將收口處捏緊，最後用手掌將麵團輕輕壓成扁圓形，蓋上保鮮膜備用。

7. 取另一份麵團，分成兩半，搓揉出兩個長條形。將長條麵團放在烤盤上，折成兩個倒 U 形狀，當作兔子耳朵。

8. 用手指沾點水，將倒 U 的四個端點壓扁，擺上⑥的扁圓形麵團，當作兔子的臉。

9. 將所有麵團依照⑥到⑧的順序整好形狀，排在烤盤上，記得留下間隔。

10. 蓋上乾淨的布，或找個大盆子倒扣在上方，進行第二次發酵，夏天約 40~50 分鐘，冬天約 80 分鐘。

11. 羊奶粉加入 5~10 公克的水，調成類似煉乳的稠度，再加入竹炭粉調成黑色。填入擠花袋或乾淨塑膠袋，在袋子尖端剪一個小洞。

12. 取出發酵好的麵團，用圓頭的筷子在兔子臉上戳兩個淺淺的洞。將⑪擠入小洞中，當作兔子的眼睛。然後在適當的位置畫一個小叉叉，當作兔子的嘴巴。

13. 將果醬或罐罐肉泥填進耳朵的凹槽，放進預熱好的烤箱，以攝氏 170 度烘烤 15 分鐘。

Tips

都說毛孩愛吃肉，但有些毛孩對麵包的香氣實在難以抗拒。少量無調味的麵包，對大部分毛孩來說是可以接受的，唯一要注意的是千萬不能讓他們偷吃生麵團，會引發腸胃道不適甚至中毒。（人類也是不能吃生麵團的，只是我們應該不會貪吃到這種程度吧！）

此外，這份食譜是給毛孩吃的，所以無糖又無鹽。然而糖和鹽在麵團中的作用並不是調味，而是用來控制發酵程度、濕度和筋度，在完全不加糖和鹽的情況下，麵團會比較黏手、難整形，發酵後也會有一定程度的變形，成品質地也會因為少了糖而沒那麼軟，比較類似金牛角麵包。

內餡部分因為包裹在麵團裡，不需要特別平整，可以替換為其他肉類。

無糖的麵包偏乾，如果使用椰子油，成品會更乾硬，所以配方中使用的是無鹽發酵奶油。發酵過的奶油乳糖含量更少，如果毛孩沒有乳糖不耐的症狀，使用一般無鹽奶油就可以了。

使用市售果醬請注意成分，是否有額外添加葡萄汁或毛孩不可食用的代糖（例如木糖醇）。如果還是很擔心，可以自製果醬，或用其他食材代替，例如毛孩專用的花生醬、肉泥罐頭等。

麵粉的吸水力極強，一開始揉麵團一定會非常黏手，不過只要用對方法，類似用衣板洗衣服那樣，將麵團整個延伸搓開→收回成團→換個方向再延伸搓開，通常在 5~10 分鐘內就可以揉到不黏手的程度。如果家中有麵包機，製作外皮的所有步驟都可以交由麵包機來代勞。有些調理機也有配備揉麵刀頭，用機器揉麵會省力很多。

夏日專區

夏天不只人類愛吃冰，狗狗也愛透心涼的舒爽感！繽紛的水果冰磚可幫狗狗補水，優格冰淇淋可以和狗狗「你一口、我一口」，還有夏天專屬的清涼西瓜蛋糕唷！

西瓜羊奶慕斯蛋糕

難易度：🦴🦴🦴　份量：1 個

3 吋蛋糕胚 1 個　　菠菜粉 適量
羊奶 400 公克　　黑芝麻 少許
寒天粉 4 公克　　3.5 吋慕斯圈
紅麴粉 適量　　4 吋活底蛋糕模或 4 吋慕斯圈

1. 參考第二章的基礎步驟，準備一個 3 吋蛋糕胚。

2. 將蛋糕胚置於 3.5 吋慕斯圈正中間，放在小平盤或蛋糕底托上。

3. 取 200 公克的羊奶，加入 2 公克的寒天粉及適量紅麴粉，攪拌至溶化、無粉粒後過篩。倒入鍋中以小火加熱，攪拌到羊奶邊緣開始冒小泡泡即可關火。

4. 將③的羊奶倒入②的慕斯圈內，直到淹過蛋糕胚。用牙籤挑破表面的小泡泡，撒上黑芝麻做裝飾，置於冰箱冷藏 1~2 小時。

5. 取出結凍的蛋糕脫模，置於 4 吋的活底蛋糕模或 4 吋慕斯圈正中央。

6. 將剩下的 200 公克羊奶、2 公克的寒天粉及適量菠菜粉，攪拌至溶化、無粉粒後過篩，同③的方式加熱。

7. 仔細沿著模具邊緣倒入⑥的羊奶，直到與蛋糕齊高。用牙籤挑破小泡泡，冰箱冷藏 3 小時後即可取出脫模。

Tips 這個蛋糕不需要抹面，所以蛋糕胚即使歪掉或縮水也沒關係，成功率 100%。可以換成黃色的小玉西瓜造型，或是紅皮白肉的火龍果造型，一樣非常可愛！

優格冰淇淋

難易度：🦴🦴🦴　　份量：1 盒（邊長 10×5×5 公分）

優格乳酪 100 公克
無糖鮮奶油 100 公克
無糖優格 50 公克

1. 將所有材料放進乾淨的盒子裡混和均勻，放進冰箱冷凍 1 小時。

2. 取出盒子，拿小勺子將半冰凍的冰淇淋攪拌均勻，盒子邊緣已結凍的部分也要徹底刮下來攪拌。

3. 每隔 1 小時就從冰箱取出，重複上述步驟 2~3 次，最後一次冷凍約 2 小時後即可食用。

Tips

高糖高油是人類冰淇淋在冷凍狀態下仍能維持綿密口感的關鍵，油脂的乳化作用可以避免冰晶形成，糖能降低冰點，讓冰淇淋的質地不會像冰塊那樣硬邦邦的，所以自製的冰淇淋只能現做現吃，無法長時間冷凍保存（那就會變冰塊啦），建議一次做少量就好。

若想讓口感更綿密，可將配方中的鮮奶油打發，或是加入香蕉、芒果等高甜度的冰凍水果切塊，和所有材料一起放進調裡機絞打，利用水果原有的糖分讓冰淇淋口感更綿密。如果毛孩真的無肉不歡，可將配方中的無糖優格替換為等重的熟雞肉泥。不過加入雞肉的冰淇淋味道會非常「微妙」，除非具有強烈好奇心和挑戰精神，建議人類還是不要輕意嘗試的好。

涼圓

難易度：🦴🦴🦴 　**份量：20 顆**

━━━

雞腳 10 隻　　　　蔬果粉 適量
雞胸肉 60 公克　　直徑 3.5 公分的圓形製冰盒
地瓜 30 公克

1. 雞腳洗淨後川燙，去掉雜質。

2. 將處理乾淨的雞腳放進鍋裡，加水淹過雞腳，開火煮滾後蓋上蓋子，轉小火
   滾煮約 90 分鐘，直到湯汁看起來呈乳白色。

3. 雞胸肉和地瓜蒸熟，放入調理機絞打成泥（若要染色可加入蔬果粉）。

4. 取每份約 3 公克的雞肉泥，搓成小圓球，放入圓形製冰盒。

5. 在製冰盒內倒入②的雞湯，置於冰箱冷藏 30 分鐘即可食用。

 Tips 無論雞腳或豬腳，都可以用同樣方法熬出肉凍，若家中有壓力鍋會更
省事。因為份量很少，煮雞湯時建議用小一點的鍋子，大鍋要加入很
多水才能淹過雞腳，熬出來的肉凍可能無法成功凝固。

零添加物、純靠動物皮脂本身的膠質製作出來的肉凍，油脂含量也會
非常高，要注意毛孩的健康狀態，適量餵食，不要一次讓狗狗吃太多。
另外，涼圓的質地滑滑嫩嫩，類似大人吃的果凍，如果是吃東西很急
的毛孩，要小心不要噎到囉！

黑芝麻肉粽

難易度：🦴🦴🦴 　份量：5 顆

雞胸肉 250 公克　　紅蘿蔔丁 少許
地瓜 100 公克　　　黑芝麻粉 適量
熟鵪鶉蛋 5 顆　　　粽葉（麻竹葉）10 片
綠花椰菜 少許　　　棉繩 5 條

清洗粽葉

1. 買回來的粽葉先以清水沖洗乾淨，用新的菜瓜布稍微刷一下表面。

2. 將洗過的粽葉放入鍋中，加水直到完全淹過粽葉，在中間壓上較重的碗或盤子，避免粽葉浮起。在水中加 1 小匙食用油，這樣包粽子時比較不會沾黏。

3. 水煮滾後轉小火煮 30 分鐘。關火後蓋上蓋子，浸泡 8 小時或過夜。

4. 將煮過的粽葉再次清洗乾淨，即可開始包粽子。

包粽子

1. 將地瓜蒸熟，和生雞胸肉一起放進調裡機絞打成泥。取其中 1/3 混入黑芝麻粉，拌成灰色肉泥。

2. 將兩張粽葉相疊，梗較粗的那一頭剪掉約 10 公分，光滑面朝上。將葉子摺成漏斗狀，末端要摺一個角，餡料才不容易漏。

3. 填入黑芝麻肉泥至三分滿，在中間放入鵪鶉蛋和所有配料，稍微壓一下，讓配料陷進肉泥中，然後繼續填入白色肉泥至九分滿。

4. 一手按住粽子的兩邊，保持外形，另一手將粽葉摺進來蓋住餡料，再把邊邊兩角順著粽子的形狀摺起來。

5. 將上頭多餘的粽葉順著粽子兩側往左或往右摺（往哪邊摺都可以，只要繩子綁得到就好），拿一條棉繩繞粽子兩圈，綁上活結（綁死結也沒關係，蒸熟後用剪刀剪開即可）。

6. 放進電鍋蒸 15~20 分鐘即完成。

人類的肉粽有很多不同的配料，毛孩的肉粽也可以放進各種毛孩能吃的食材，比如喜歡海鮮就放進蝦仁、干貝、小魚乾等。肉的種類也可以替換，只要注意配料的大小，小型毛孩建議把蔬菜丁切小一點，或者刨絲剁碎，以免噎到。配方中的鵪鶉蛋是現成的（超市就有賣小包裝的水煮鵪鶉蛋），也可以買生的鵪鶉蛋自己煮，就跟煮水煮蛋一樣，煮熟後剝殼即可。

粽葉可挑選麻竹葉，多用來包南部粽或鹼粽，比較小張，剛好適合毛孩肉粽的尺寸。用其他粽葉也可以，但食材份量可能需要隨之調整。

做蛋糕給狗狗吃

水果冰磚

難易度：🦴⚪⚪　　份量：約 **10 塊**

毛孩愛吃的水果 數塊
飲用水 50 公克
各種造型的矽膠製冰模

1. 將水果和飲用水倒入果汁機打勻，或用壓泥器或湯匙將水果壓成果泥。
2. 倒進模具，送入冰箱冷凍即可。

Tips

冰磚的做法超級簡單，天氣炎熱時來一塊，清涼又補水，非常消暑。如果毛孩喜歡乳香味，可用羊奶取代飲用水，或是讓毛孩換換口味，用椰奶做出平常沒嚐過的風味。如果是無肉不歡的挑嘴毛孩，可將水換成雞湯或罐罐肉汁，只是這樣做出來的冰磚顏色就沒這麼鮮豔漂亮，此外也要留意肉湯的油脂和鈉含量，不要讓毛孩一下吃太多了。

家中狗狗好動怕無聊，但天氣太熱無法出門奔跑放風，很推薦毛爸媽購買 KONG 這一類的填食玩具，可將食物泥填進去冰凍起來備用，除了水果泥，也可以填入肉泥、罐罐等。KONG 有依毛孩的體型分尺寸和軟硬度，是少數從小狗到老狗都適用的玩具，尤其是針對好動的青少年毛孩，不能出門時給狗狗來上一顆，解悶抗憂鬱，一個冰好的填食玩具就可以交換人類半小時清閒的追劇時光。

中秋賞月

中秋節，狗狗當然也要吃月餅和蛋黃酥，不過除了這兩項經典組合，也可以試著做一個氣質素雅的淋面蛋糕，將過節的儀式感拉好拉滿！

水果淋面蛋糕

難易度：🦴🦴🦴　份量：1 個

4 吋蛋糕胚 1 個　　　南瓜粉 適量
抹面薯泥 150 公克　　芒果丁 適量
優格乳酪 200 公克　　迷迭香 適量
無糖優格 50 公克　　 12 號花嘴

1. 參考第二章的基礎步驟，準備蛋糕胚、抹面薯泥和優格乳酪。

2. 抹面薯泥混入南瓜粉，攪拌至顏色均勻。

3. 將蛋糕胚放在小平盤或蛋糕底托上，置於蛋糕轉台正中央。

4. 取一桌球大小的黃色薯泥，置於蛋糕胚表面中央。找一個乾淨、沒有摺痕的塑膠袋（面積要略大於蛋糕表面）蓋上去，用手指輕壓，把薯泥慢慢壓開至覆蓋蛋糕表面。

5. 用奶油刮板隔著塑膠袋輕刮，一邊將薯泥往四邊推，一邊盡量把薯泥刮平，直至平均覆蓋整個蛋糕表面，再輕輕揭下塑膠袋。

6. 沿著蛋糕邊緣將多餘的薯泥削掉（不用特地削得很乾淨），再將散落在轉台上的薯泥清理乾淨。

7. 將花嘴套入擠花袋，剪一個小洞讓花嘴尖端露出來（或直接在擠花袋尖端剪一個寬度約 1 公分的小缺口），填入剩下的黃色薯泥。

8. 用慣用手握著擠花袋（可先練習一下，找到適合自己的握法），沿著蛋糕底部慢慢地、穩定地擠出薯泥，另一隻手慢慢旋轉蛋糕轉台。從蛋糕底部開始，將薯泥一圈一圈擠在蛋糕側面，擠的時候薯泥斷掉也沒關係，繼續接著擠，直到和蛋糕表面同高。

9. 蛋糕側面全部擠滿薯泥後，用慣用手持奶油刮板，將刮板打直不動，邊緣貼著薯泥，另一隻手慢慢旋轉蛋糕轉台，把側面的薯泥刮平。

10. 如果抹面表面有空隙，擠適量的薯泥補上，重複⑨的動作，直到蛋糕側面完全刮平為止。

11. 持乾淨的抹刀，輕輕貼平蛋糕表面，由右上往左下（左撇子則是左上往右下）將邊緣接縫處多餘的薯泥往表面中間收，每刮一次都要用廚房紙巾將抹刀上的薯泥擦掉再刮下一次。

12. 抹面完成後，置於冷凍庫約 30 分鐘，讓蛋糕表面稍微冰涼結霜，等一下比較容易淋面。

13. 用優格乳酪搭配無糖優格來調製淋面奶醬，先將 2/3 的優格加入優格乳酪混和均勻，舀起奶醬觀察稠度（太稠會流不動，太稀則無法在蛋糕側面停留），需調整到滴落的紋路不會立刻消失、能維持 1~2 秒的質地。

14. 將奶醬慢慢倒在蛋糕表面，倒的時候可一邊微微晃動蛋糕底盤，使淋面更均勻擴散。

15. 在奶醬幾乎完全覆蓋蛋糕表面、距離蛋糕邊緣處只剩 0.5~0.8 公分時停止，改以一次舀一點點的方式倒在蛋糕正中央，再用抹刀由中間往四邊抹，讓奶醬從側面不規則滴落成想要的樣子。

16. 表面放上裝飾的芒果丁及迷迭香，大功告成。

Tips

溫度會改變淋面奶醬的濃稠度,所以淋面的訣竅在於快。如果真的沒把握,可以把完成抹面的蛋糕表面凍得更冰一些,這樣奶醬淋上去時就會變得更濃稠,更好控制份量。

因為沒有添加物,蛋糕淋面並不能在室溫下維持太久,吃不完也要盡快放回冰箱冷藏。裝飾水果可依季節或毛孩的喜好更換,配上同色或撞色的薯泥,就可以做出氣質美美的淋面蛋糕。

月餅

難易度：🦴🦴🦴🦴 　　份量：5 個（每個約 50 公克）

餅皮	內餡	其他
熟燕麥粉 80 公克	雞胸肉 120 公克	熟燕麥粉（手粉）適量
羊奶粉 20 公克	地瓜 30 公克	飲用水 1 杯
蜂蜜 15 公克	羊奶粉 10 公克	
油 10 公克		
飲用水 50 公克		

1. 將內餡用的雞胸肉和地瓜蒸熟，先放進調理機大致絞打，再加入羊奶粉打勻，搓成每份約 15~20 公克的圓球，蓋上保鮮膜備用。

2. 將熟燕麥粉和羊奶粉大致混和均勻。

3. 將油、蜂蜜和 50 公克的飲用水拌勻，倒入②的混合粉中，開始搓揉麵團。如要染色，在此時加入蔬果粉，調整至想要的顏色，揉到麵團水分被完全吸收、顏色也均勻。

4. 將揉好的餅皮分成每份約 30 公克，搓成圓球，蓋上保鮮膜備用。

5. 掌心沾一點飲用水，取一份④，用手稍微壓扁，在中間放上①作為內餡，把四周包起，然後慢慢將收口處推平。因為燕麥粉沒有筋性，所以要輕輕、慢慢地推，不然會裂開，推不動的話沾水再推。

6. 包好後，微微用手輕捏成橢圓形，放入模具時邊緣才不會刮到。

7. 在餅皮表面拍上適量手粉，使其摸起來乾爽，放入月餅模具，輕壓兩三下即可。

無麩質的燕麥粉是完全沒有筋性的，餅皮麵團稍微拉扯就會斷開，需要靠大量水分讓麵團變黏稠，類似泡在湯裡太久的麵條那樣黏糊，才能慢慢推開並包裹住內餡。不過燕麥粉的吸水力非常好，即使剛推平時摸起來還黏答答的，稍微放 1~2 分鐘，水分就會被吸收，麵團也變得乾爽。

如果想減少狗狗吃的澱粉量，可以將餅皮換成白豆沙版本的配方。

餅皮材料：
乾燥白豆沙粉 60 公克、羊奶粉 15 公克、蜂蜜 15 公克、水 150 公克、蔬果粉適量（染色用）、片栗粉適量（手粉）

步驟：

1. 內餡作法同燕麥月餅。

2. 將白豆沙粉、羊奶粉、蜂蜜和水攪拌均勻到看不見粉粒。倒入不沾鍋，開小火不斷拌炒，慢慢將水分炒乾。用刮刀將鍋內的豆沙整理成團，然後在中間切一刀，若切開處的豆沙可形成完全直立的平面，不會歪倒或傾斜，即可起鍋，壓平放涼備用（放涼時水分會繼續散失，最後豆沙總重量約為 150 公克）。

3. 取 1/3 的豆沙，加入蔬果粉染成想要的顏色。

4. 取白色豆沙 15 公克，加上染色豆沙 10 公克，隨意揉幾下將兩種顏色混和，最後用同樣的方式放入模具壓模。

不論是燕麥或豆沙餅皮，都可以和蛋黃酥的餅皮替換使用。要注意的是，壓模月餅最後不會再進烤箱加熱，蛋黃酥最後的烘烤是為了乾燥蛋黃液，加熱時間很短，所以製作時都不可以用生水，器具也要保持乾淨及乾燥，才不會孳生細菌，害毛孩吃壞肚子！

蛋黃酥

難易度：🦴🦴🦴　　份量：5 個（每個約 50 公克）

餅皮	內餡	其他
雞胸肉 150 公克	牛絞肉 80 公克	蛋黃 1 顆
地瓜 60 公克	地瓜 20 公克	黑芝麻 適量
羊奶粉 15 公克	熟鵪鶉蛋 1 顆	飲用水 1 杯

1. 將雞胸肉、牛絞肉和地瓜分別蒸熟。

2. 將①的熟牛絞肉和 1/4 的地瓜放進調理機絞打均勻，搓成每份約 15 公克的小圓球備用。

3. 掌心沾一點飲用水，將②的小圓球用手壓成圓餅狀，中間放上熟鵪鶉蛋包裹成圓形，蓋上保鮮膜備用。

4. 將①的熟雞胸肉和剩下的地瓜放進調理機大致絞打，再加入羊奶粉絞打均勻，搓成每份約 30 公克的小圓球備用。

5. 掌心沾一點飲用水，將④的小圓球用手壓成圓餅狀，中間放上③的牛肉丸包裹成圓形，一顆顆排在烤盤上。

6. 將包好的蛋黃酥表面刷上一層蛋黃液，撒上少許黑芝麻裝飾，放進預熱好的烤箱，以攝氏 200 度的上火烘烤 3~5 分鐘，直到表面上色即完成。

Tips　如果不在乎表皮些微龜裂或不夠平整，可以省略羊奶粉這項材料；如果希望表面顏色更深一些，可在蛋黃液中加入蜂蜜，利用糖色幫助表面色澤更好看。

芝士波波球

難易度：🦴🦴🦴　　份量：約 **25 顆**

地瓜 50 公克
馬鈴薯 50 公克
米穀粉 20 公克
乳酪片 1 片
椰子油 5 公克

1. 馬鈴薯和地瓜蒸熟。

2. 乳酪片隔水加熱，軟化為糊狀。

3. 將蒸熟的馬鈴薯和地瓜、乳酪片及所有材料放進調理機，攪打成團後再打 1 分鐘。不是打散就好，一定要打這麼久的時間，才能打出 QQ 感。

4. 將地瓜薯泥搓成 2~3 公分的圓形丸子，適合毛孩入口的大小，一顆顆排在鋪了烘焙紙的烤盤上。

5. 放入預熱好的烤箱，以攝氏 180 度烘烤 20 分鐘。

地瓜和馬鈴薯都屬於聞起來沒什麼味道的食材，烤熟後只聞得到濃濃乳酪味，嗅覺靈敏的毛孩肯定會為之瘋狂。如果希望有牽絲感，可換成莫札瑞拉乳酪，但還是要注意毛孩的鹽分攝取量。

我們總是會擔心乳酪對毛孩來說會不會太鹹？是不是要特地買低鹽乳酪，或是毛孩專用乳酪比較好？

首先，大家必須知道，乳製品需要冷藏保存，而且保存期限都很短。一般鮮奶的保鮮期大約兩週，鮮奶油開封後只要三五天就會變質，乳酪之所以可以放比較久，就是因為含有大量鹽分的緣故。有些不用冰的毛孩乳酪，是用乳酪香料或乳酪粉，加上木薯粉或其他澱粉、乳化劑製成的，當零食吃沒有問題，甚至因為乳含量少，反而更適合乳糖不耐的狗狗，但不適合用來當點心原料，因為不是真的乳酪，加熱後質地完全不一樣。

再者，不同的乳酪有不同的風味和質地，製作方法不同，製作過程中需要的鹽分也不同，比如製作切達乳酪需要大量鹽分，所以低鹽切達乳酪的鈉含量很可能高於一般的瑞士乳酪。為狗狗挑選這類食材需要多花點心思，仔細看包裝上的營養標示，鈉含量越高就表示越鹹。以一般超市容易買到的乳酪片舉例，光泉北海道乳酪片每 100 公克的鈉含量是 544 毫克，芝司樂原味乳酪片每 100 公克的鈉含量是 1570 毫克，都是乳酪片，鈉含量卻差很大，所以不要嫌麻煩只看商品名稱，要仔細比較營養標示，才能為毛孩好好把關。

其實肉類和海鮮本身也含有天然的鹽分，例如生的丁香魚 100 公克就含有約 700 毫克的鈉，烘乾之後的鈉含量百分比還會更高。所以不論是乳酪、肉乾或魚乾，適量就好，吃太多的話都會對毛孩身體造成負擔。

萬聖節搞怪

不給肉肉就搗蛋！木乃伊烤香腸、大腦布丁、幽靈餅乾，好吃又可愛的點心，不只用來賄賂家中小搗蛋，還可以分送給狗狗朋友，但……不保證吃完就不搗蛋啦！

三眼怪蛋糕

難易度：◥◥◥　　**份量：**1 個

4 吋蛋糕胚 1 個

抹面薯泥 250 公克

奶油乳酪或自製優格乳酪 30 公克

蝶豆花粉 適量

紅麴粉 適量

食用竹碳粉 適量

7084 或 7094 花嘴

1. 參考第二章的基礎步驟，準備蛋糕胚和抹面薯泥。

2. 將蛋糕胚切去約 1/3，立在小平盤或蛋糕底托上。

3. 取 180 公克的抹面薯泥，混入蝶豆花粉調出藍色。

4. 將花嘴套入擠花袋，剪一個小洞讓花嘴尖端露出來，再填入藍色薯泥。

5. 從蛋糕底部開始擠花，輕輕擠一下就提起來，先圍繞蛋糕底部擠一圈，再由底部往上一圈一圈擠滿。擠到越接近頂部，提起的角度可以稍微往上。

6. 取 50 公克的抹面薯泥和奶油乳酪混和，其中 2/3 保溫備用，另外 1/3 再分成兩份，一份加入紅麴粉調成紅色，一份加入竹炭粉調成黑色。

7. 將⑥的三種顏色乳酪薯泥分別填入擠花袋，尖端剪一個小小洞。

8. 用白色薯泥在乾淨的烘焙紙上分別畫出約 10 元、5 元、1 元硬幣大小的圓形（可以擠厚一點，裝飾起來比較可愛），用乾淨手指沾取飲用水，輕輕將表面紋路抹平。用黑色薯泥畫上黑眼珠，一樣用手指抹平，最後用紅色薯泥畫出眼球的血絲。

9. 用黑色和白色薯泥在烘焙紙上畫出嘴巴和尖牙，和眼睛一起送進冷凍庫約 20~30 分鐘。

10. 剩下的抹面薯泥混入紅麴粉調成紅色，用手捏出兩個三角錐形當作耳朵。

11. 在適當的位置擠上白色乳酪薯泥當作黏膠，把耳朵黏在蛋糕上，再黏上冰凍變硬的眼睛和嘴巴即完成。

 三眼怪蛋糕看起來複雜，但不用抹面，製作起來並沒有想像中困難。記得擠花時盡量讓薯泥保持溫熱，才不會變得太硬，不然擠完整個蛋糕後手會非常痠痛。

眼睛和嘴巴的部分，如果有把握的話，也可以直接畫在蛋糕表面，不一定要另外製作、冰凍定型後再進行組合。

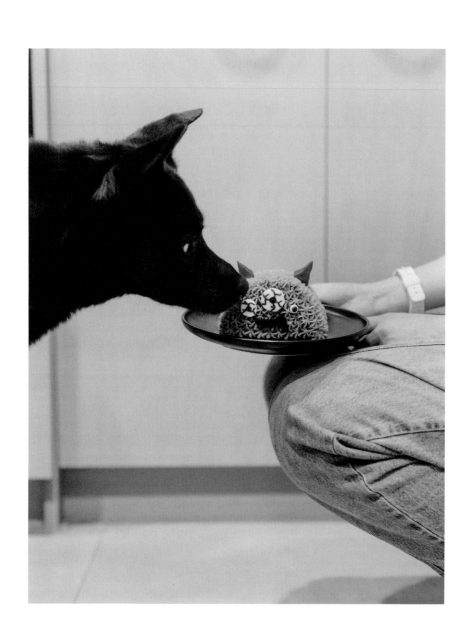

南瓜杯子戚風蛋糕

難易度：🦴🦴🦴　　份量：4 個

蛋糕體
雞蛋 2 顆
（每顆連殼重 55~60 公克）
椰子油 10 公克
蜂蜜 15 公克
南瓜泥 50 公克
米穀粉 40 公克
羊奶粉 10 公克

裝飾
紅地瓜 250 公克
優格乳酪 10-20 公克
食用竹碳粉 少許
造型餅乾 4 片

道具
瑪芬捲口杯
（底徑 5 公分）
7082 花嘴

1. 將南瓜和地瓜蒸熟，分別壓泥備用。

2. 仔細將蛋黃和蛋白分離，分成兩盆。裝蛋白的盆子必須無油無水，堅固耐刮為佳。

3. 在蛋黃盆中加入椰子油和蜂蜜混和均勻，再加入南瓜泥拌勻後，分 2~3 次加入米穀粉，混合均勻直到看不見粉粒。

4. 打發蛋白，直到提起攪拌頭時拉起的勾勾可堅挺成形、不會消失。取 1/3 的打發蛋白放入蛋黃盆翻拌均勻，再全部倒入蛋白盆，以切拌的方式拌勻。

5. 將④倒入紙杯約八分滿。震一下紙杯（從距離桌面約 1~2 公分處放手，讓手中的紙杯摔回桌上），把多餘空氣震出來。

6. 放進預熱好的烤箱，以攝氏 120 度烘烤 35 分鐘，再將溫度調高至攝氏 150 度續烤 5 分鐘，烤完後立刻取出，倒扣放涼。

7. 將地瓜泥加入優格乳酪拌勻後過篩。

8. 將花嘴套入擠花袋，剪一個小洞讓花嘴尖端露出來，再填入優格地瓜泥，像擠霜淇淋一樣在杯子蛋糕上繞 3~4 圈，頂端插上餅乾裝飾即完成。

南瓜水分多，所以擠花部分用紅地瓜來代替。不過每顆地瓜的品質也不是那麼穩定，有的很乾，有的很濕，優格乳酪的用量就要隨之調整。也可以用抹面薯泥混入蔬果粉來做造型裝飾。

眼球奶凍

難易度：🦴🦴🦴　　**份量：10 顆**

~~~~~~

羊奶 80 公克　　　食用竹碳粉 適量

吉利丁片 2 片　　　直徑 3.5 公分的圓形製冰盒

紅麴粉 適量

1. 吉利丁片放在冰水中泡軟。

2. 將羊奶加熱到溫度微燙手，將泡軟的吉利丁片擠乾水分，放入羊奶中攪拌直
   到溶解。

3. 倒出約 20 公克的羊奶，混入竹炭粉，用滴管或小湯匙滴一滴在製冰盒中，
   冷藏 10 分鐘或冷凍 5 分鐘。

4. 倒出約 20 公克的羊奶，混入紅麴粉。從冰箱取出製冰盒，以同樣的方式滴
   2~3 滴在製冰盒中，蓋過黑色羊奶，再次冷藏 10 分鐘或冷凍 5 分鐘。

5. 在製冰盒中倒入剩餘羊奶，倒至圓形製冰盒的一半，與邊緣齊高。冷藏 1~2
   小時即可取出。

Tips

寒天和吉利丁都可以用來做果凍類的食物，只是一個是植物性、一個是動物性萃取物，兩者的使用比例不同、結凍點不同，口感也略有差異。寒天做出來的果凍比較硬，類似傳統的「菜燕」口感，室溫下也能維持形狀；吉利丁比較能保持ㄅㄨㄞㄅㄨㄞ的感覺，但夏天氣溫高時容易軟塌，可依照需求自行替換。

另外，乳製品在加熱時非常容易燒焦，如果鍋子較大，80 公克的羊奶倒進去只有很淺很淺的一層，一開火很容易就焦了。建議可將食材份量加大，買大一點的或立體圓球製冰盒，做成整顆圓形眼球（我在食譜中做的是半圓形）；或是將剩餘的羊奶額外添加調味，做成人類食用版。

	寒天粉	吉利丁片
和水的比例	0.8~1：100	1：40
加熱所需溫度	80~90 度	50~60 度
口感	較硬	較軟

幽靈偽糖霜餅乾

難易度： 🦴🦴🦴　**份量：12~15 片**

~~~~~~

餅乾

蛋黃 2 顆

（雞蛋連殼重 55~60 公克）

椰子油 15 公克

蜂蜜 10 公克

椰子麵粉 10 公克

米穀粉 30 公克

食用竹碳粉 適量

米穀粉（手粉）適量

奶霜

羊奶粉 15 公克

飲用水 5~10 公克

道具

幽靈造型 3D 餅乾壓模

1. 將椰子麵粉和米穀粉混合均勻。

2. 將蛋黃、椰子油和蜂蜜拌勻，倒入①的混合粉中，大致攪拌到水分被吸乾後，取出放在揉麵墊或乾淨的桌面。此時加入竹炭粉，像揉麵團一樣揉到顏色和質地均勻。

3. 將麵團裝進乾淨的大塑膠袋，擀成約 0.3 公分厚度，然後將塑膠袋邊緣割開，掀開表面那一層。天氣太熱時麵團會比較軟，可以先放冰箱冷藏 30 分鐘再開始壓模。

4. 拿餅乾模具沾一點手粉，在擀平的麵團上壓出形狀（先用外模切出形狀，再放入內模壓出花紋）。

5. 把壓好的餅乾移到鋪了烘焙紙的烤盤上，再將剩下的麵團揉一揉，重複③→④→⑤步驟，直到麵團用完為止。

6. 將羊奶粉和少量的飲用水混合成類似煉乳的濃稠質地，作為裝飾用的奶霜。不同牌子的羊奶粉吸水力略有不同，水量大約是羊奶粉重量的 1/2 至 1/3。

7. 奶霜填入擠花袋，在袋子尖端剪一個小洞，在餅乾上畫出眼睛和線條，可隨意發揮，也可以照餅乾模具壓出來的痕跡來畫畫。

8. 放進預熱好的烤箱，以攝氏 150 度烘烤 12 分鐘，即可取出放涼。

這款餅乾食譜適合人寵共食，濃烈的蛋黃香氣對毛孩很有吸引力。因為沒有肉類成分，人類吃起來也不會覺得怪怪的，味道和口感就像沒那麼酥脆的孔雀餅乾。如果想要聞起來更香，可將椰子油替換為室溫軟化的無鹽奶油，吃起來會更像我們平常吃的餅乾。

木乃伊烤香腸

難易度：🦴🦴🦴   **份量：短香腸 12 條或長香腸 9 條**

雞胸肉 180 公克

地瓜 70 公克

南瓜 30 公克

寬麵條 1 把

蛋黃 1 顆

黑芝麻 數粒

1. 地瓜和南瓜蒸熟後，盡量瀝乾多餘水分，和生雞胸肉一起放入調理機，絞打成細緻的泥狀。

2. 利用烘焙紙捲起肉泥，用類似捲壽司的方法盡量捲緊，塑形成熱狗形狀，手指沾點水將兩端不平整的地方按平。

3. 放進預熱好的烤箱，以攝氏 100 度烘烤 40 分鐘。時間到之後先不要打開，繼續放置 10~20 分鐘，利用烤箱餘溫烘乾多餘水分。

4. 將寬麵條浸泡在熱水中，泡軟到可以輕拉麵條也不會斷裂的程度，就可以撈起平鋪在廚房紙巾上。等麵條表面的水分乾掉後，摸起來會有點黏黏的。

5. 將麵條捲在肉腸上，纏出木乃伊的造型。

6. 拿剪短的吸管，直接在麵條上壓出小塊小塊的圓形，然後用牙籤從另一端戳下來。

7. 拿刷子沾點蛋黃液，用點塗的方式將肉腸表面沾滿蛋黃（小心不要用力來回刷，以免把繃帶裝飾刷歪了）。

8. 將小圓塊放在眼睛位置，再沾一點蛋黃液，黏上黑芝麻。以攝氏 200 度烘烤 5~8 分鐘，直到表面上色。

寬麵條是比較方便的做法，如果狗狗對麩質過敏，也可以用豆皮切條來製作繃帶裝飾。額外使用南瓜是為了讓肉腸顏色深一些，怕麻煩也可以直接全部使用地瓜。雞肉原則上可以替換為其他肉類，但要能絞打成足夠細緻的肉泥，太濕的話可視情添加米穀粉來幫助肉腸定型。

大腦布丁

難易度：✎◌◌　　份量：2 個

布丁	大腦	腦漿
雞蛋 1 顆	雞胸肉 100 公克	蜂蜜 15 公克
羊奶 100 公克	馬鈴薯泥 50 公克	蔓越莓約 10 顆

1. 雞蛋加入羊奶混合均勻，過篩 1~2 次，倒入可加熱的容器。

2. 用筷子卡住電鍋鍋蓋的邊緣，使鍋蓋不要完全密合，蒸 20 分鐘，取出放涼後再放入冰箱冷藏。

3. 雞胸肉和馬鈴薯蒸熟後盡量瀝乾水分，馬鈴薯過篩，雞胸肉用調理機絞打成細緻的泥狀，再將兩者均勻混和，填入擠花袋或塑膠袋。

4. 蔓越莓不加水，直接打成果醬糊狀，濾掉多餘的汁液再與蜂蜜混和（想要顏色更紅可以加紅麴粉調色）。

5. 取出冷藏的布丁，將裝肉泥的袋子尖端剪出一個寬約 0.5 公分的小洞，將肉泥不規則地擠在布丁表面。

6. 最後淋上蔓越莓醬當作腦漿裝飾。

Tips

布丁要蒸多久，取決於容器的材質和大小，如果蒸了 20 分鐘還沒定型，加水繼續蒸即可。

製作大腦的肉泥乾濕度必須適中，需要不會流動但濕潤柔軟的質地，擠出來的紋路和形狀才能維持住。如果太濕，可加一點燕麥粉；太乾的話，補一點飲用水或羊奶來調整。

蔓越莓可以替換為草莓、覆盆莓、番茄等紅色水果，以自家毛孩喜歡的水果為主。如果買不到新鮮莓果，可將無糖果乾或水果凍乾泡在飲用水中約 20 分鐘，倒掉水分再打成糊。

聖誕禮物

聖誕節的時候，你會在狗狗的聖誕襪裡裝進什麼禮物呢？當然是多到滿出來的點心啊！餅乾、棒棒糖、大蛋糕、小蛋糕，不管是甚麼，都給我來一點！

樹幹蛋糕

難易度：🦴🦴🦴　　份量：1 個

4 吋加高蛋糕胚 1 個　　　　　　菠菜粉 適量

抹面薯泥 250 公克　　　　　　　紅麴粉 適量

奶油乳酪或自製優格乳酪 20 公克　羊奶粉 適量

草莓凍乾 1 顆　　　　　　　　　黑芝麻 數粒

角豆粉 適量　　　　　　　　　　349 花嘴

1. 參考第二章的基礎步驟，準備 4 吋加高蛋糕胚（加高版模具高 8 公分，備料時請根據一般版配方多備 1/4 的量，製作方法不變）和抹面薯泥。

2. 取 200 公克的抹面薯泥，加入角豆粉混和均勻，替整個蛋糕胚抹面（方法同「水果淋面蛋糕」）。用叉子在蛋糕側面刮出線條，做出樹幹的紋路。

3. 取一點薯泥搓出一大兩小總共三顆圓球，留做聖誕老人和雪人裝飾。再將剩餘薯泥和優格乳酪混合，1/3 混入菠菜粉染成綠色，1/3 混入紅麴粉染成紅色，1/3 保留其白色原色。

4. 白色薯泥填入擠花袋，尖端剪一個 0.2 公分的小口，在蛋糕表面畫出直徑約 8 公分的圓，重複畫兩到三圈，斷開再接上就好。

5. 綠色薯泥填入裝了花嘴的擠花袋，在白色圓圈上擠出葉子。

6. 紅色薯泥填入擠花袋，尖端剪一個 0.2 公分的小口，在葉子的交會處擠上紅色小點當作裝飾。

7. 草莓凍乾剪成兩半，將③的大圓球夾在中間，貼上芝麻粒當作眼睛，擠一點紅色薯泥當作嘴巴，做出聖誕老人裝飾。

8. 用白色的乳酪薯泥當作黏膠，將其他兩顆小圓球相疊黏在一起，貼上芝麻粒當作眼睛，用紅色薯泥畫出圍巾和扣子，做出雪人裝飾。

9. 輕輕將小雪人和聖誕老人放上蛋糕表面，篩上羊奶粉即完成。

新鮮草莓切開後流出的汁液會將夾在中間的薯泥染紅，所以使用草莓凍乾。如果要使用新鮮草莓，可將夾在中間的白色圓球材料換成市售的奶油乳酪或乾酪，就不會那麼容易被染色。

如果手邊沒有羊奶粉，最後的裝飾也可以將雞肉乾或凍乾敲成粉狀撒在蛋糕上，狗狗一樣會為之瘋狂。

聖誕樹蒙布朗

難易度： 🦴🦴🦴　　**份量：3 個**

小塔皮 3 個	菠菜粉 適量
雞胸肉 250 公克	南瓜粉 適量
地瓜 50 公克	紅麴粉 適量
抹面薯泥 180 公克	羊奶粉 適量
優格乳酪 20 公克	7095 或 7085 花嘴

1. 參考第二章的基礎步驟，準備小塔皮和抹面薯泥。

2. 雞胸肉和地瓜蒸熟，瀝乾水分後一起放進調理機絞打成泥。

3. 取 60~70 公克的地瓜雞肉泥填入塔皮，用手塑形成圓錐狀。

4. 取 150 公克的抹面薯泥，混入菠菜粉調成綠色，填入裝了花嘴的擠花袋，像擠霜淇淋一樣繞著圓錐狀肉泥轉圈。

5. 剩下的 30 公克抹面薯泥和優格乳酪混勻，一半加入紅麴粉調色，一半加入南瓜粉調色，分別填入擠花袋，在蒙布朗擠上紅色與黃色的小點點當裝飾。

6. 篩上羊奶粉，頂端放上裝飾即完成。

Tips　這款點心的肉餡被包在擠花裡面，塑形沒那麼平整也沒關係。替換為其他肉類的話，只要多加一些地瓜，讓肉泥夠黏可以塑形就沒問題。

巴斯克羊奶蛋糕

難易度：🦴⚬⚬　　份量：1 個（6 吋）

羊奶 500 公克　　　乳酪片 3 片
米穀粉 50 公克　　　6 吋活底蛋糕模
蛋黃 6 顆

1. 先準備 6 顆蛋黃，分出約 20 公克的量，留到最後刷在蛋糕表面。

2. 在鍋裡倒入羊奶、米穀粉和蛋黃，混和均勻後過篩。

3. 放入乳酪片，開小火煮 3~5 分鐘後，液體會慢慢變稠，攪拌匙上開始出現凝
   結物，再繼續加熱約 1 分鐘後關火，以餘溫繼續攪拌，直到變成類似卡士達
   醬的質地。

4. 將③倒入模具，用力震幾下（從距離桌面約 1~2 公分處放手，讓手中的模具
   摔回桌上），把多餘空氣震出來。平貼蓋上保鮮膜，冷藏至少 3 小時後，從
   冰箱取出成品，倒扣脫模。

5. 在蛋糕表面刷上蛋黃，放進預熱好的烤箱，以攝氏 200 度烘烤 18~20 分鐘，
   直到表面呈現金黃焦色。

 Tips　　如果想要做 4 吋蛋糕，可將材料份量減至原本的 1/3~1/2。

花圈棒棒糖

難易度：🦴🦴🦴　　份量：大花圈 15 根或小花圈 25 根

雞胸肉 500 公克　　　7084 或 7085 花嘴
優格乳酪 50 公克　　　棒棒糖紙棍
蔬果粉 適量

1. 先將雞胸肉用調理機絞打成細緻的肉泥，混入蔬果粉調成想要的顏色後再次絞打均勻。將花嘴套入擠花袋，尖端剪一個小洞讓花嘴露出，填入染好色的肉泥，在烘培紙上擠出想要的棒棒糖形狀。

2. 將優格乳酪填入擠花袋，袋子尖端剪一個 0.3~0.4 公分的小洞，在棒棒糖肉泥擠上大圓點與小圓點做裝飾。

3. 將紙棍插進肉泥中（如果只是壓在肉泥下面，烘乾後拿起來可能會解體）。

4. 乾果機設定在攝氏 70 度，烘 8~10 小時。

Tips

這款也是適合用乾果機製作的點心,如果烘得不夠乾,容易變成紋路和造型不明顯的雞肉棒,質地也會有點軟趴趴的。我提供的這個配方和製作方法,是希望大家不需花費太多時間就能輕鬆完成。如果想要成品更精緻一些,可在雞肉泥中添加熟地瓜泥或蛋黃,做擠花形狀時會更好收邊。要是擔心技巧不熟練、擠出來的形狀不夠好看,可事先將想要的圓形或愛心形狀列印下來,墊在烘培紙下方,照著形狀擠花會更整齊。想做不同顏色的話,就將肉泥分成好幾份,分別混入不同顏色的蔬果粉即可。

另外,自製優格乳酪的水分較多,烘乾後會略為縮水,如果希望白色圓點能保持很圓、很漂亮的外形,可改用市售奶油乳酪或乾酪,只是要注意用量,避免毛孩攝取過多鹽分。

雪人壓模餅乾

難易度：🦴🦴🦴 　份量：約 25 片

雞胸肉 300 公克　　椰子麵粉 35 公克
地瓜 120 公克　　　蔬果粉 適量
羊奶粉 35 公克　　　聖誕造型 3D 餅乾壓模
燕麥片 70 公克

1. 燕麥片放進調理機打碎備用（也可直接用燕麥粉）。地瓜蒸熟後瀝乾多餘水分，壓泥備用。

2. 雞胸肉放進調理機絞打成泥，再加入地瓜泥打勻。

3. 先將所有粉類混和均勻，再混入②的地瓜肉泥，像揉麵團一樣將肉泥和粉類揉勻。在揉的過程中可加入蔬果粉染色，若想染兩三種顏色，可將麵團分成幾份，再分別揉進蔬果粉。

4. 將揉勻的麵團擀成約 0.4~0.5 公分的厚度。

5. 開始壓模，先用外模切出形狀，再放入內模壓出花紋。壓花紋時建議用另一隻手扶著外模，免得外框移位，壓出來的餅乾會變形。

6. 壓好形狀後，將模具外邊多餘的麵皮撕開，用奶油刮板將餅乾輕輕鏟起，移到鋪了烘培紙的烤盤上。如果餅乾邊緣有毛邊，可用手指沾點水輕輕撫平。

7. 剩下的麵皮重新揉成團，重複④→⑤→⑥的步驟，直到麵團用完為止。

8. 乾果機設定在攝氏 60 度，烘 10~12 小時。

Tips

壓模餅乾是節日必備的造型點心，不管是生日、聖誕節、中秋節、端午節、萬聖節……每個節日都可以買到可愛又應景的造型壓模，單價也不貴，每個大約三四十元。

餅乾的製作方法也有許多可以根據個人喜好調整的地方，如果希望做出來的圖案非常精細清楚，燕麥片可改用燕麥粉或更細的米穀粉、玉米粉，地瓜泥的份量也可以增加，或是多蒸一些，纖維較粗的部分挑掉不用，只取中間軟綿的部分，並增加過篩的步驟。想要成品看起來更精緻，最後可以在餅乾的花紋上填入羊奶霜（配方參考「幽靈偽糖霜餅乾」），做成糖霜餅乾的樣子。想輕鬆做當然也沒問題，花紋不要太複雜的壓模也可以做得很可愛唷！

徹底烘乾的餅乾通常可冷藏保存一週沒問題，如果家裡沒有乾果機，用烤箱以攝氏 100 度的低溫烘烤 20~25 分鐘也可以，但成品就會比較軟，不像餅乾一樣硬硬的，也無法保存太長時間。

年菜辦桌

一年又過去了，又是有狗狗陪伴的一年，今年你們都
過得開心嗎？用澎湃的年菜代表澎派的愛，一起期待
新的美好的一年！

毛孩翻糖福袋蛋糕

難易度：🦴🦴🦴　份量：約 25 片

蛋糕體	翻糖	裝飾
雞胸肉 200 公克	馬鈴薯 350 公克	綠花椰菜 數朵
地瓜 30 公克	紅麴粉 適量	紅蘿蔔 少許
花椰菜 30 公克	羊奶粉 10 公克（選用）	棉繩 1 條
米穀粉 20 公克	片栗粉（手粉）適量	

製作蛋糕體

1. 將蛋糕體的全部材料絞打成泥狀，用手搓成一個大圓球。

2. 在烤盤鋪上烘培紙，放上肉球，送進攝氏 100 度的烤箱烘烤 1 小時。

3. 時間到之後可繼續置於烤箱中，利用餘溫烘乾水分，或取出直接用廚房紙巾吸乾多餘水分。

 蛋糕體外面會包裹一層翻糖皮，比較不必在意加溫後體積縮水的問題，原則上也可替換為其他肉類。如果打出來的肉泥太濕（比如使用魚肉），就增加米穀粉的用量，以免搓成圓球後無法維持形狀。

製作馬鈴薯翻糖

1. 馬鈴薯削皮後切成厚度約 1.5 公分的片狀，用水滾煮或蒸至筷子可插入的程度，趁溫熱壓成泥狀後過篩，混入紅麴粉，攪拌至混和均勻。可加入 10 公克的羊奶粉一起攪拌，加了奶粉製作的翻糖會非常香，但炒乾時也更容易燒焦，可自行斟酌。

2. 將薯泥放進調理機絞打，約 10 秒後會發現薯泥全部被甩打在同一側，先停下來用湯匙或矽膠刮刀整理薯泥，將薯泥大致壓平，再重新絞打。

3. 重複②的步驟 2~3 次，此時檢查薯泥黏性，用拇指和食指捏起一小坨薯泥，像捏口香糖那樣，將兩隻手指瞬間拉開時，薯泥應該要能被拉長約 1 公分才斷開。如果薯泥的黏性還沒辦法拉這麼長，再重複步驟②，並不時確認薯泥黏性。

4. 用不沾平底鍋翻炒打好的薯泥，開小火，重複在鍋中將薯泥壓平→鏟成一團→壓平→鏟成一團的步驟。隨著水分揮發，要把薯泥壓平會越來越費力，整個翻炒過程需要 15 分鐘左右。如果手痠想休息，一定要先關火，並將鍋子離火後再多翻炒幾下，不然鍋子的餘溫可能會將薯泥底部燒焦。

5. 將炒好的薯泥鏟起放在盤子上，稍微壓平使之呈圓餅狀，蓋上烘培紙或廚房紙巾，徹底放涼。涼透的薯泥用手指輕壓應該不黏手，如果輕壓一下就會沾黏，那就是還沒炒乾，需要再炒久一點。

6. 在乾淨的桌上墊一張烘培紙，放上薯泥，上面再蓋一張烘培紙，將薯泥夾在兩張烘培紙中間。隔著烘培紙，慢慢將薯泥擀成約兩張水餃皮相疊的厚度，每擀一次就掀開上層烘培紙再重新放回去，避免薯泥最後黏在烘培紙上。大致擀成一大片圓形就可以了。

7. 擀好之後，移除上層的烘培紙，將烤好的蛋糕體置於薯泥翻糖皮中央，直接將下層的烘培紙當成飯糰布，像包飯糰那樣將薯泥包在蛋糕體上，捏的時候一樣要捏一下就掀開烘培紙再重新包回去，避免薯泥黏在烘培紙上。最後頂部收口處用雙手虎口稍微箍緊，但要留一個開口。

8. 撕下烘培紙，薯泥表面有壓痕的地方用手指輕輕推平。整理開口周圍的薯泥，將太厚的地方捏掉一些。

9. 在開口處放上煮熟的花椰菜、紅蘿蔔片等，最後綁上棉繩做裝飾，完成！

Tips

馬鈴薯翻糖的原理跟麻糬一樣，利用澱粉的黏性，將食材不斷樁搗或絞打，最後變成類似黏土的質地。因為必須利用食材本身的特性，製作的許多細節也會取決於食材本身的差異，比如每顆馬鈴薯的含水量略有不同，炒乾的時間就會不一樣。

福袋是相對單純的造型，對翻糖皮乾濕度／黏性的精確程度要求不高，如果想挑戰較為複雜的款式，如需要裁切摺疊的蝴蝶結，或是蕾絲花紋等等，就需要更嚴格控制翻糖薯泥的質地，並視情況加入其他材料如白豆沙來幫忙調整。幫翻糖皮染色也要注意，有些蔬果粉一直重複加熱容易變色，這種就建議炒過之後再混入蔬果粉揉勻。

因為最後不會再加熱，所以製作翻糖時使用的手粉一定要用熟粉。其他熟粉（例如熟燕麥粉）都有顏色且粉比較粗，會在翻糖表面留下痕跡，影響外觀。

此外要特別提醒各位毛家長，如果家中小朋友是狼吞虎嚥型的毛孩，一定要小心不要被翻糖皮噎到了！

黃金蝦捲

難易度：🦴🦴🦴　　份量：8 條

千張 8 小張　　　紅蘿蔔 適量
蝦仁 8 尾　　　　高麗菜 適量
鯛魚 100 公克

1. 千張裁剪成約 10×10 公分大小的正方形備用。

2. 將紅蘿蔔和高麗菜切碎，加入鯛魚一起絞打成泥。

3. 將千張轉個角度斜放如菱形，在下方 1/3 處放上約 12 公克的魚肉泥，並將肉泥整成長條形（看起來像是在千張上放了一條甜不辣），左右留大約 1 公分空白處。在魚肉泥上面放上蝦仁後捲起，收口處沾一點水或肉泥黏緊，將收口處壓在最下方，放在烤盤上。

4. 放進預熱好的烤箱，以攝氏 180 度烘烤 12 分鐘。千張比較容易烤焦，可根據自家烤箱特性調整烘烤時間，直到表面呈金黃微焦色即可取出放涼。

Tips　千張就是乾燥的豆皮，在生酮飲食中很常用來代替餃子皮，使用十分方便，不需要特別處理。有的毛孩不喜歡或不適合吃海鮮，也可以將配方中的魚蝦替換為雞肉。沒有烤箱的話，用不沾鍋乾煎至表面上色也可以。

千層牛肉菠菜蛋捲

難易度：🦴🦴🦴 **份量：1 條**

牛肉片 8~10 片
菠菜 1 小把
雞蛋 3 顆
SN2122 磅蛋糕模

1. 菠菜去梗只留葉子，稍微修剪成跟模具一樣的長度。

2. 將雞蛋打勻後過篩，使其更滑順。

3. 在模具底部倒入一層薄薄的蛋液，然後以一層牛肉、一層菠菜、一點蛋液的順序疊加至八分滿。

4. 將剩餘的蛋液全部倒入後，稍微震一下模具（從距離桌面約 1~2 公分處放手，讓手中的模具摔回桌上），將空氣震出來。

5. 放進預熱好的烤箱，以攝氏 200 度烘烤 18 分鐘。

Tips 如果毛孩不適合吃牛肉，換成其他肉片也行。模具不用特地買，只要是能放進烤箱的耐熱容器都可以，像是很多人家裡都有的耐熱玻璃保鮮盒就很適合，製作時再根據模具大小調整食材份量即可，如果大小差太多，也可適當調整加熱時間。

白飯鯛魚蘿蔔糕

難易度：🦴🦴🦴　　份量：半條吐司大小

白飯 120 公克　　再來米粉 30 公克
水 100 公克　　紅蘿蔔絲 10 公克
鯛魚片 100 公克

1. 將白飯倒入水中，浸泡 30 分鐘至 1 小時。

2. 取 80 公克的魚片放入調理機絞打成泥，再將①連飯帶水倒入調理機，打成看不見米粒的糊狀，加入再來米粉繼續打勻。

3. 剩下的魚片切成小碎丁，在鍋裡加點油，和紅蘿蔔絲一起稍微拌炒。

4. 將③倒入打好的米糊，用筷子或小湯匙拌勻。最後米糊的質地應該是幾乎不會流動的厚重糊狀，如果還會流動，再加入再來米粉用筷子拌勻。

5. 在容器內側刷上一層油（若用不沾膜可省略此步驟），倒入米糊，放進電鍋蒸 20 分鐘，時間到了再悶 10 分鐘。

6. 取出蘿蔔糕完全放涼，脫模後可切片或切丁，用平底鍋煎到表面微酥，顏色和香氣會更讓人類和毛孩都食指大動。

Tips　用白米代取大部分再來米，對毛孩來說比較好消化。白米質地軟黏，所以用含水量較少的紅蘿蔔代替白蘿蔔，剛蒸好時會很軟，要完全放涼後再脫模。可用家裡現有的耐熱容器，不需要特地買吐司模。鯛魚可替換為其他白肉魚或雞肉，各一半做成海陸雙拼口味也沒問題。

枸杞雞腿捲

難易度：🦴🦴🦴　　**份量：1 條**

帶皮去骨雞腿 1 隻	玉米筍 1~2 根
蘆筍 1~2 根	枸杞 1 小把
細條紅蘿蔔 1~2 條	

1. 將去骨雞腿攤平在烘焙紙上，用刀背將肉稍微敲鬆。如果有哪個部位的肉特別厚，可輕劃一刀，讓整片雞腿更平整。

2. 在靠近下方邊緣 1/3 處排上蘆筍、紅蘿蔔條和對切的玉米筍，並撒上枸杞。

3. 用烘焙紙將雞腿捲起並拉緊，可以用壽司捲簾輔助，然後像扭糖果包裝紙一樣，把兩端的烘焙紙扭緊。

4. 送進預熱好的烤箱，以攝氏 190 度烘烤 20~25 分鐘，取出後稍微放涼。在紙上戳幾個小洞，讓裡頭的湯汁滴出來。

5. 等到完全放涼或置於冰箱冰涼後，即可去除烘焙紙並切成片。

雞腿捲是一道好做又好看的年菜，沒有烤箱的話，直接用電鍋蒸也可以，訣竅是保留雞皮，因為雞皮的膠質也可以幫助定型。如果家中毛孩不愛青菜，可以將蔬菜先川燙去除菜味再包進雞腿裡，或替換成其他可接受的蔬菜。

特別挑戰：毛孩也能吃的韓式擠花

擠花有許多不同方式，一般的擠花是利用花嘴本身的形狀，比如 6 齒花嘴可以擠出六角星形、圓孔花嘴可以拉出不同粗細的線條等，而近年由韓國流行過來的另一種擠花方式，是利用各種不同形狀的花嘴，擠出單片的花瓣，再將花瓣一一組合起來，雖然複雜又耗時，但擠出來的花朵非常逼真美麗，令人驚豔。

正統的韓式擠花可以做到花瓣瓣數、彎曲角度、甚至花蕊數目都和真花一樣，成品宛如藝術品般精緻，有時光用眼睛看甚至難辨真假。要做到這種程度，就需要嚴格要求擠花的材料和質地，其中使用的食材有些並不適合毛孩食用。在不造成狗狗身體負擔的前提下，我們僅能利用狗狗可以吃的食材，做出幾種組合方式較簡單的花形。

這篇會介紹毛孩韓式擠花薯泥的質地差異和基礎製作方法，還有三種初次挑戰者較容易上手的花瓣種類。若想更近一步學習擠花技巧，現在網路上也有不少教學影片或毛孩韓式擠花的課程可供參考。

韓式擠花必備道具

裱花釘

裱花釘的形狀就像放大版的圖釘，擠花時，將花瓣擠在裱花釘的圓形平面上，另一隻手的手指輕輕捏住底下的釘子，配合擠花的動作順時針或逆時針旋轉。

裱花剪

要將完成的花朵從裱花釘轉移到蛋糕或其他地方，就需要這個工具。不建議用一般剪刀代替，金屬剪刀比較鋒利又尖，容易刮壞花朵底部。

裱花座

也叫裱花樁、裱花釘座，多半是木頭製的，表面中間有一個小洞。當花朵擠到一半，需要更換裱花袋或花嘴時，就可以將裱花釘插在裱花座上暫放。

加厚裱花袋

大部分的花瓣都是薄薄一片一片，所以花嘴的開口會做成扁平狀，擠出時需要多用點力氣。如果裱花袋太薄，用力擠袋口會變形，花嘴會跟著被擠出來。如果買不到加厚款裱花袋，選購可重複使用的矽膠擠花袋也是不錯的辦法。

薯泥的特殊質地要求

要擠出薄薄的花瓣再組合起來，材料必須質地輕盈、均勻、細緻，而且有延展性。馬鈴薯基本上可滿足這些要求，但有幾點需要特別注意：

1. 軟硬度

馬鈴薯如果煮到很軟，甚至輕輕一戳就分開，鍋底也散落很多薯泥的話，代表馬鈴薯在煮的過程中已經吸收太多水分，這種薯泥適合用來做蛋糕抹面，但無法做韓式擠花，擠出來的花瓣會因為水分重量而下垂，無法做出立體感。所以在煮馬鈴薯時，煮到稍微用一點力就能將筷子插入的程度即可，不要煮太久，而且千萬不要讓煮好的馬鈴薯繼續泡在水中。

2. 溫度

薯泥冷掉後會變硬，擠出來的花瓣就會斷裂，或是因為太硬而擠不出花瓣。所以整個製作過程必須一鼓作氣，煮完立刻壓泥過篩，篩完立刻動手操作，還沒用到的薯泥要用保鮮膜蓋起來，放在插電的電鍋裡保溫。

3. 其他增添味道及延展度的材料

乳脂是潤滑的關鍵，可以增加薯泥的延展度，讓薯泥的質感不要那麼「沙」，這樣擠出來的花瓣轉彎處，鋸齒狀痕跡才不會太明顯。不過要注意的是，含水量過高會讓花瓣過重而失去立體感，所以添加無鹽奶油是最容易的選項，其次是鮮奶油，或市售奶油乳酪，添加的份量大約是薯泥重量的 5~10%。

韓式擠花杯子蛋糕

難易度：🦴🦴🦴🦴🦴

材料

杯子蛋糕 3 個

擠花薯泥 400 公克

奶油乳酪 20~40 公克

紅麴粉 適量

蝶豆花粉 適量

南瓜粉 適量

菠菜粉 適量

道具

花瓣部分使用 103 花嘴

（手持時花嘴開口較寬部分在下方）

花蕊部分使用 1 號花嘴

葉子部分使用 349 花嘴

製作擠花薯泥

1. 馬鈴薯洗淨削皮，切成約 1.5~2 公分的厚片，蒸到筷子稍微用力可插入的程度即可。

2. 將蒸軟的馬鈴薯和奶油乳酪混合，用壓泥器壓成泥，趁熱過篩。

3. 用紅麴粉調出五瓣花的花瓣，用蝶豆花粉調出玫瑰的花瓣，用南瓜粉調出小雛菊的花蕊，用菠菜粉調出葉子。要先做哪一種擠花，就先調哪一種顏色，其餘用保鮮膜包起來，放在插電的電鍋裡保溫。

五瓣花

1. 以慣用手持擠花袋，將 103 花嘴較寬處輕輕抵著裱花釘中心點，穩定地擠出薯泥，另一手逆時針或順時針旋轉裱花釘大約 2 圈，擠出圓盤狀底座。

2. 將花嘴較寬處抵著底座中心，以旋轉手腕的方式，像打開一把摺扇，畫出一個圓弧，完成第一片花瓣。另一手記得配合慢慢旋轉裱花釘。

3. 調整花瓣角度，使花瓣微微翹起，而非平貼在底座上。

4. 將花嘴放在前一片花瓣邊緣的下方，以同樣的方法擠出其餘四片花瓣。

5. 用 1 號花嘴在花朵中心點上 3~5 個小圓點，當作花蕊。

6. 拿裱花剪從底座將小花輕輕夾起，置旁備用。一個直徑 5 公分的杯子蛋糕大約可以放 6 朵五瓣花。

小雛菊

1. 以慣用手持擠花袋，將 103 花嘴較寬處輕輕抵著裱花釘中心點邊緣，穩定地擠出薯泥，另一手逆時針或順時針旋轉裱花釘大約 2 圈，擠出圓盤狀底座。

2. 將花嘴較寬處抵著底座中心，從中心往外側 12 點鐘方向畫出一個倒勾，勾回來的時候稍微提高花嘴較細處的角度，讓花瓣更立體。

3. 旋轉裱花釘，每一次都是往 12 點鐘方向擠出一個倒勾，直到擠滿一圈為止。

4. 用 1 號花嘴在花朵中心點上花蕊。

5. 拿裱花剪從底座將小花輕輕夾起，置旁備用。一個直徑 5 公分的杯子蛋糕大約可以放 6 朵小雛菊。

玫瑰

1. 花嘴與裱花釘成直角，在裱花釘中央以 Z 字形來回的方式擠出底座，擠大約 4~5 疊（來回 8 次），高度大約等於一截小姆指指節。

2. 花嘴打橫，繞著底座擠一圈，把底座包起來。另一手配合逆時針或順時針旋轉裱花釘。

3. 將花嘴較寬處靠在底座上方，另一手旋轉裱花釘，擠出一小個錐形的玫瑰花心，有點傾斜也沒關係，可用花嘴側邊來微調角度。

4. 花嘴尖端略高或平高於花心，一手旋轉錶花釘，另一手像畫拋物線那樣拉出花瓣，一片花瓣大約可以圍繞底座的 1/3。第二瓣從第一瓣約 2/3 處疊上，第三瓣從第二瓣約 2/3 疊上，以此類推，大概 3~4 片花瓣可以包住第一圈。

5. 以同樣的方式擠出其他花瓣，越外圈的花瓣會變得越寬，拋物線的角度也要越來越平，擠 3~4 圈即完成。

6. 拿裱花剪從底座將小花輕輕夾起，置旁備用。一個直徑 5 公分的杯子蛋糕大約可以放 6 朵玫瑰花。

把花移到蛋糕上

1. 在杯子蛋糕表面抹一層約 0.5 公分厚的擠花薯泥，類似微微壟起的小山丘形狀。如果是第一次試做，可直接抹奶油乳酪，或是在這部分的薯泥混入多一點奶油或鮮奶油，讓薯泥更軟、更有黏性，小花擺上去時比較不會掉下來。

2. 預先想好花朵擺放的位置，用乾淨的手指在薯泥上戳出五個洞，類似五角形。洞不用戳得太深，比較像是自然的凹陷。

3. 依序將 5 朵小花放置於凹陷處，用裱花剪輕壓花的表面，讓花跟底下的薯泥黏接得更牢固。

4. 將 5 朵小花都放好之後，在中間的空隙擠上薯泥，擺上最後一朵小花。

5. 最後擠上葉子，將花和花之間的空隙填補起來，大功告成！

附錄：用乾果機烘生肉的要點整理

每回看到購物網站上種類繁多、大小齊全、價格實惠的乾果機，我就忍不住要提起多年前的血淚史。想當年親手幫毛孩做鮮食的概念還沒有這麼盛行，我的第一台乾果機，還是請狗友住在國外的親戚幫忙代購的。面對飄洋過海、從沒看過的機器，還有天書一樣的英文說明書，心裡實在害怕一不小心就把廚房炸了，結果一試成主顧！現在只要遇到家裡還沒有乾果機的狗友，都忍不住大力推薦，這麼方便的好東西，不買嗎？

不過我發現，許多狗友其實是有乾果機的，但卻把它堆在倉庫，跑去買現成的肉乾。因為他們曾經烘出很快就發霉的肉乾，以至於信心不足，不敢再動手做。

其實用乾果機烘肉乾真的很簡單，成功率百分百，不講求造型的話，肉放進機器後就可以直接等收成。如果你曾經嘗試過，卻烘不出像市售肉乾一樣的成品，可能的原因有以下幾點：

1. 烘得不夠乾

肉類中的水分越少，可以存放的時間越久，這就是為什麼肉乾比生肉耐久耐放。那我們要如何知道自己烘肉是否烘得夠「乾」呢？

一般來說，食物的含水率只要在 7% 以下，細菌就不易孳生。以雞胸肉為

例，它的含水量約是 74%，代表每 100 公克的雞胸肉含有 74 公克的水。當你把 100 公克的雞胸肉送進乾果機，成品如果是 26 公克，含水量就是 0%；成品如果是 30 公克，含水量就是 4%……以此類推。也就是說，100 公克的雞肉只能做出約 25 公克的肉乾，外加十幾個小時的電費和包裝費，這也是真正無添加的肉乾會賣得這麼貴的原因。

當然這只是粗略的算法，畢竟每塊肉都會有差異，而且台灣天氣潮濕，烘乾後還是會因為空氣中的溼氣而回潮，所以只要是沒有添加抗氧化劑的肉乾，最好都要進冰箱保存。想知道各種肉類食材的含水量，可參考衛福部網站（consumer.fda.gov.tw/Food/TFND.aspx?nodeID=178）。

2. 用生水清洗肉品

生肉表面多少會沾染血水，看起來髒髒的，甚至聞起來有腥味。為了寶貝的健康，許多人拿起肉的第一步驟就是拿到水龍頭下仔細清洗，覺得這樣寶貝吃了比較安心，但其實正是這個步驟讓你的肉乾壞得更快！

因為生水中充滿大量的細菌和微生物，用生水沖洗肉品，等於是給這些細菌們提供一頓大餐。生肉放進烘箱後，溫度不可能立刻升高，肉的中心可能要 2~3 個小時後才達到足以殺菌的溫度，也就是說，在這 2~3 小時裡，你既給細菌提供了營養，又提供了適合細菌滋生繁殖的溫暖環境，可能肉在烘熟之前就已經變質發臭了，最後的成品就會聞起來怪怪的，或是很快就壞了。

3. 肉不夠薄

肉越厚，中心溫度就越慢達到足以殺菌的溫度，所以製作無添加的自製肉乾，薄一點會比較保險。不在乎形狀的話，只要買一把小肉槌（一般五金百貨都有賣）用力搥兩三下，肉就會變薄了。如果沒有時間自己切肉打薄，直接買現成的肉片最方便。

4. 軟肉乾 ≠ 不要烘太乾

市售商業肉乾有一種類型的質地很特殊，表面摸起來是乾的，但是可以凹折，咬起來口感有點類似橡皮。有些毛爸媽為了狗狗的牙口著想，一直想做出這種肉乾，不過這種質地需要添加物才能做出來，例如甘油、山梨糖醇等等。

當然，我們也不需要把食品添加物過度妖魔化，有些寶寶體型很小，或是年紀大了牙口不好，太硬的東西確實不適合，只要不過量，都是安全的。只是想提醒毛爸媽，自製肉乾烘不出這樣的質地，不是不要烘太乾就會軟軟的唷！

現在有許多爸媽都為了心愛的毛孩開始親手製作鮮食，就算沒有時間，沒有把握能每一餐都做，起碼毛孩點心中永遠的長青款——肉乾點心——可以自己做，只要買個好用的乾果機放著烘就可以了。比起十五年前，現在只要上網就有琳瑯滿目的乾果機可供選購，非常便利。如果新手不知該怎麼挑選好，以下是我的使用經驗，給大家參考參考。

1. 烘網材質

如果你的主要用途是烘肉乾而非果乾，烘完多少會有油漬或血水殘留，一定要選擇容易刷洗的烘網。我曾經買過塑膠烘網的乾果機，實在是不怎麼好清洗，大大降低我烘肉乾的頻率跟意願。不鏽鋼烘網雖然比較重，但可以毫無負擔的大力刷，不怕留下刮痕，比較容易清洗乾淨。

2. 可定時功能

肉乾還沒烘熟，機器就先關機冷卻了，很容易讓肉壞掉。所以一定要選可以定時的機型，才不會因為肉乾烘到一半而出不了門。

3. 自動降溫

肉乾烘完必須完全放涼才能包裝，否則水蒸氣會讓肉乾反潮，容易發黴。有自動降溫功能的機型會在烘烤時間結束後開啟冷風散熱，縮短肉乾放涼時間，盡快打包儲存，可延長保存期限。

4. 馬達或出風口最好不要在機器下方

這一項是狗友的經驗分享，他的乾果機馬達位置在機器下方，結果烘肉乾時油不小心滴了進去，導致整台機器壞掉。這真的是需要慘痛經歷才會注意到的個細節，大家在選購機器時可以列入考慮唷！

我自己用的是 AROMA 的乾果機，買好幾年了，功能都符合我上述的要求，常常烘點心孝敬我家兩隻挑嘴公主。一台好用又耐用的乾果機，壽命絕對是十年起跳，而且乾果機不像手機有那麼多翻新花樣和功能的空間，對於真正有需求的毛爸媽，建議可以一次買到位。

附錄：書中使用的模具型號

有些點心模具可用家中現有的容器代替，本篇提供食譜中各點心使用的模具品牌和型號，方便大家查詢尺寸，換算成自己需要的食材份量。

蛋糕模具

6 吋活動蛋糕模 SN5022

4 吋活動蛋糕模 SN5002

4 吋活動加高蛋糕模 三箭 3504H

4 吋慕斯圈 SN3482

3.5 吋慕斯圈 SN3478

3 吋慕斯圈 SN3477

杯子蛋糕

馬芬捲口杯 PET5039（底徑 5× 高度 3.9 公分）

瑪德蓮雞蛋糕

【MasterClass】24 格不沾迷你瑪德蓮烤盤（單格 5×3 公分）

鹹派

【Chefmade 學廚】不沾活底 4 吋菊花派盤 WK9022（9.9×1.8 公分）

聖誕樹蒙布朗

【Chefmade 學廚】黑色碳鋼蛋塔模 WK9977（6.3×2.4 公分）

千層牛肉菠菜蛋捲

水果條磅蛋糕模 SN2122（12.8×6.6×4 公分）

白飯鯛魚蘿蔔糕

水果條磅蛋糕模 SN2120（17.5×8.5×7 公分）

常用花嘴型號

6 齒花嘴：SN7082 SN7084 SN7085 SN7086（由大到小）

8 齒花嘴：SN7092 SN7094 SN7095 SN7096（由大到小）

圓孔花嘴：1 號、10 號、12 號

葉子花嘴：349

其他花嘴：103

購買地點

烘培材料行可以買到各式各樣的模具和烘培工具，即使不同品牌，大部分也都能找到相似的商品。

花嘴的部分，很多烘培材料行是不拆賣的。如果買不到零售花嘴，可在購物網站上以「花嘴」＋「型號」為關鍵字搜尋。根據不同廠牌和型號，每個花嘴的單價落在 40~60 元之間。

LH007

做蛋糕給狗狗吃：39種專屬蛋糕與造型點心，和毛孩一起懂吃懂吃

作　　　者	狗尾巴草毛孩私廚／露露麻
副總編輯	吳愉萱
攝　　　影	李俊儒
裝幀設計	Dinner Illustration
內頁排版	Dinner Illustration
行銷企劃	呂嘉羽
業務主任	楊善婷

發 行 人	賀郁文
出版發行	重版文化整合事業股份有限公司
臉書專頁	www.facebook.com/readdpublishing
連絡信箱	service@readdpublishing.com

總 經 銷	聯合發行股份有限公司
地　　　址	新北市新店區寶橋路235巷6弄6號2樓
電　　　話	(02)2917-8022
傳　　　真	(02)2915-6275

| 法律顧問 | 李柏洋 |
| 印　　　製 | 中茂分色製版印刷事業股份有限公司 |

| 一版一刷 | 2024年8月 |
| 定　　　價 | 新台幣500元 |

頁54圖片來源：AROMA提供

版權所有 翻印必究
All Rights Reserved.

國家圖書館出版品預行編目(CIP)資料

做蛋糕給狗狗吃：39種專屬蛋糕與造型點心,和毛孩一
起懂吃懂吃/狗尾巴草毛孩私廚著. -- 一版. -- 臺北市：
重版文化整合事業股份有限公司, 2024.08
　　面；　公分
ISBN 978-626-98641-1-9(平裝)

1.CST: 犬 2.CST: 寵物飼養 3.CST: 食譜

437.354   113010144